科学普及读本

—— 十大科普读物之一 ——

趣味物理实验

〔俄罗斯〕雅科夫·伊西达洛维奇·别莱利曼 著

李哲 译　贾英娟 绘

江西教育出版社

JIANGXI EDUCATION PUBLISHING HOUSE

图书在版编目（CIP）数据

趣味物理实验 / （俄罗斯）雅科夫·伊西达洛维奇·别莱利曼著；李哲译；贾英娟绘. -- 南昌：江西教育出版社，2018.10

（趣味科学）

ISBN 978-7-5705-0138-0

Ⅰ. ①趣… Ⅱ. ①雅… ②李… ③贾… Ⅲ. ①物理学－实验－青少年读物 Ⅳ. ① 04-33

中国版本图书馆 CIP 数据核字（2018）第 005115 号

趣味物理实验
QUWEI WULI SHIYAN

〔俄罗斯〕 雅科夫·伊西达洛维奇·别莱利曼　著

李哲　译　　贾英娟　绘

· ·

江西教育出版社出版

（南昌市抚河北路 291 号　邮编：330008）

各地新华书店经销

大厂回族自治县德诚印务有限公司印刷

710mm×1000mm　16 开本　　15 印张　　230 千字

2018 年 10 月第 1 版　　2018 年 10 月第 1 次印刷

ISBN 978-7-5705-0138-0

定价：42.00 元

· ·

赣教版图书如有印制质量问题，请向我社调换　电话：0791-86705984

投稿邮箱：JXJYCBS@163.com　　　　电话：0791-86705643

网址：http://www.jxeph.com

赣版权登字 -02-2018-517

作者简介

雅科夫·伊西达洛维奇·别莱利曼（1882—1942）不是一个可以用"学者"这个词的本义来形容的学者。他没有什么科学发现，也没有什么称号，但是他把自己的一生都献给了科学；他从来不认为自己是一个作家，但是他的作品印刷量足以让任何一个成功作家羡慕不已。

别莱利曼诞生于俄罗斯格罗德省别洛斯托克市，17岁开始在报刊上发表作品，1909年毕业于圣彼得堡林学院，此后从事教学和科学写作。1913—1916年完成《趣味物理学》，为他以后完成一系列的科学读物奠定了基础。1919—1923年，他创办了苏联第一份科普杂志《在大自然的实验室里》，并担任主编。1925—1932年，担任时代出版社理事，组织出版大量趣味科普图书。1935年，主持创办列宁格勒（圣彼得堡）"趣味科学之家"博物馆，开展广泛的青少年科普活动。在卫国战争中，还为苏联军队举办军事科普讲座，这也是他在几十年的科普生涯中作出的最后的贡献。在德国法西斯围困列宁格勒期间，他不幸于 1942 年 3 月 16 日辞世。

别莱利曼一生写了 105 本书，大部分都是趣味科普读物。他的许多作品已经再版了十几次，被翻译成多国文字，至今仍在全球范围内出版发行，深受各国读者朋友的喜爱。

凡是读过他的书的人，无不被他作品的优美、流畅、充实和趣味性而倾倒。他将文学语言和科学语言完美结合，将生活实际与科学理论巧妙联系，能把一个问题、一个原理叙述得简洁生动而又十分准确，妙趣横生——让人感觉自己仿佛不是在读书、学习，而是在听什么新奇的故事一样。

1957 年，苏联发射了第一颗人造地球卫星，1959 年，发射的无人月球探测器"月球 3 号"，传回了航天史上第一张月亮背面照片，其中拍到了一个月球环形山，后被命名为"别莱利曼"环形山，以纪念这位卓越的科普大师。

CONTENTS

第二章 用报纸进行的几个物理实验

第三章 生活中常见的 70 个物理实验

第四章　视觉错觉

第五章　跟动脑筋博士一起动脑

第一章

致敬年轻的物理学家们

1 比哥伦布更厉害

一个小学生在作文中写过这样一句话："哥伦布是一位伟人，他发现了美洲，并且把鸡蛋竖了起来。"在这个小学生的眼中，发现美洲和竖起鸡蛋这两件事，是并驾齐驱的，都值得称叹。美国幽默作家马克·吐温认为，哥伦布发现新大陆这件事一点儿也不值得大惊小怪。对此，他曾说过："如果他没有发现美洲，那才奇怪呢。"

但对我来说，倒是认为第二件事——把鸡蛋竖起来，是没什么了不起的。小朋友，你知道勇敢的航海家哥伦布是怎样使鸡蛋竖起来的吗？哥伦布的方法很简单，就是把蛋壳的大头端敲破。但是，这样就改变了鸡蛋的形状。那么，有没有不改变鸡蛋形状，还能使鸡蛋竖起来的方法呢？伟大的航海家哥伦布并没有找到这种方法。

其实，这件事比漂洋过海发现美洲，甚至比任何航海发现都简单得多。下面，我们来一起看看把鸡蛋竖起来的三种方法：用第一个方法可以把煮熟的鸡蛋竖起来；用第二种方法能把生鸡蛋竖起来；用第三种方法则能把生鸡蛋、熟鸡蛋都竖起来。

要想把熟鸡蛋竖起来，只需要把鸡蛋的大头端放到桌子上，用手拨动使鸡蛋快速地旋转起来，就像玩陀螺那样。在鸡蛋停止转动之前，鸡蛋都是保持竖起来的样子。小朋友多试几次，就能很容易地使熟鸡蛋旋转起来了。

第一种方法一般只能适用于熟鸡蛋，因为生鸡蛋的蛋白和蛋黄是液体，液体有流动性，很难跟蛋壳一起快速运动，甚至还有一定的阻碍作用。小朋友动手试试就会发现，用生鸡蛋的话，鸡蛋很难转起来。

那么，生鸡蛋就一定不能用这种方法竖起来吗？答案当然是否定的。接下来，我来告诉大家一种把生鸡蛋竖起来的方法。另外，这也是鉴别生鸡蛋和熟鸡蛋的一种简单方法。第二种方法是：用力摇晃鸡蛋，使蛋黄外面的薄膜破裂，蛋黄就会流出来；然后把鸡蛋的大头部位放到桌子上静止一段时间。因为蛋黄比蛋清要轻，过一会儿，蛋清就会汇聚到蛋壳底部。这样处理过的生鸡蛋，重心下移，稳定性更强，所以，相比没有处理的生鸡蛋，会容易旋转起来。

最后，我们一起来看第三种方法。取一个细口瓶，将瓶口塞住，注意保持瓶口的平整，把鸡蛋放在瓶塞上。然后用两把叉子，对称地插在一个软木塞上。把软木塞和叉子放到鸡蛋上（图1）。这个"系统"非常稳定，轻轻地倾斜瓶子，也能保持平衡稳定。为什么软木塞和鸡蛋都掉不下来呢？科学家的解释是：系统重心比支持点低。也就是说，系统重量集中的那个点，比支撑物体的那个点还要低，所以系统会一直保持平衡。同样的道理，在铅笔上插上一把小刀，铅笔会垂直地竖在手指上而不掉下来（图2）。

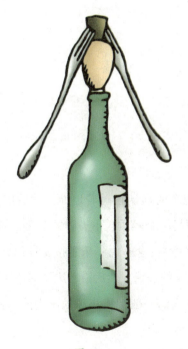

图 1

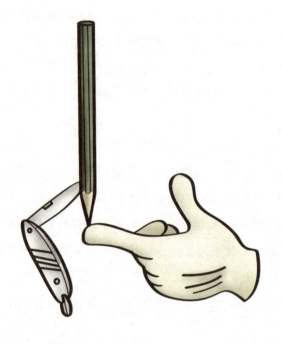

图 2

2 离心力

　　打开一把伞，把伞的顶端正对着地面，然后用力拨动使伞快速转动起来，同时，往伞里面扔一个轻质、不易碎的东西，如小球、纸球或者手绢。这时发生的事情出乎意料:伞好像不乐意接受任何礼物——小球或者手绢在伞里面向上一直溜到伞的边缘，然后沿着边缘的切线方向直线飞了出去。

　　在这个实验中，人们一般把将小球抛出去的力称为"离心力"。准确地说，应该称为"惯性离心力"。

　　只要物体进行圆周运动，就会产生离心力。离心力本质就是惯性（惯性是指运动的物体具有维持原有运动方向和速度的倾向）的一种表现方式。

我们在生活中遇到离心力的现象，远远比我们认为的要多。比如，如果你在绳子的一端系上一块石头，把石头抡起来，你会觉得绳子被绷得很紧，甚至快要断掉了（图 3）。古代的时候，人们用投石器抛石头，就是利用类似的原理。如果磨盘转动得太快或者不够结实，很可能会被离心力弄坏。如果运用得好，离心力还能帮我们变魔术：将一个杯子倒置，杯子里面的水也不会洒出来。变这个魔术只要让杯子做快速圆周运动就可以了。离心力能够帮助马戏团的自行车表演者完成令人叹为观止的"超级筋斗"（图 3）。还有运用离心力把奶油从牛奶中分离出来的离心机、利用离心力把蜂蜜从蜂房中取出来的离心分蜜机、利用离心力甩干衣服的离心脱水装置等。

图 3

当轨道列车突然改变行驶路线时，如从一条路急转弯转入另一条路，车上的乘客就会很明显地觉得有一股力量把自己甩向转弯方向的外侧，这也是离心力。按规定，外侧的车轨应该比内侧铺得要稍高些，在这样正确铺设的车轨上，列车在转弯时会略微向内倾斜。如果没有这样铺设车轨，在轨道列车行驶得很快的时候，很有可能因为离心力的作用发生翻车事故。这件事听起来会让人觉得匪夷所思：适当倾斜的列车居然比水平的更稳定！

然而，事实就是这样。一个小小的实验就能帮你理解这里面的道理。用一张硬纸板卷成一端大一端小的圆锥形，或者用家里宽口、侧壁是喇叭形的碗，或者是圆锥形的玻璃罩或者金属铁罩，如灯罩等。准备好上面提到的任意一种东西，把硬币、金属片或戒指放到里面，转动容器，使硬币或金属片沿着容器壁做圆周运动。可以清晰地看到，在运动的过程中，物品运动逐渐向内侧倾斜。随着物品运动速度的变慢，做圆周运动的圈逐渐变小，慢慢地趋近容器的中心。但是，小心地转动容器，容器里面的物品又会重新加快运动，圆周运动的半径也会加大。如果运动速度过快，也很有可能会飞出容器。

进行自行车比赛的时候，赛车场里面铺设有特殊的环形赛道。我们可以明显地看到，这些赛道在转弯的地方，尤其是急转弯，都是向内侧倾斜的。自行车选手在弯道上行驶时，都会很明显地倾斜，就像碗里的硬币，然而，自行车选手们在这样的弯道上，不仅没有歪倒，反而更加稳定。马戏团的自行车手能够在倾斜的圆环木板上绕圈骑行，观众们都叹为观止。现在，大家应该都知道了，这没有什么值得大惊小怪的。其实，对于骑自行车的人，在平稳、平行的道路上骑车才是件困难重重的事情呢。同理，赛马场选手在急转弯处，也会向内倾斜。

我们要从生活中的小事件扩展到更广阔的大问题。我们生活的地球在不停地转动，所以，地球上的万事万物也都应该受到离心力的作用。离心力体现在哪些地方呢？答案是，由于地球的旋转，地球表面的所有东西都变得比实际要轻了。距离赤道越近的东西，它在 24 小时转动的距离就越大。也就是说，距离赤道越近，运动线速度越快，因此减少的重量就越大。1千克的砝码，先在两极用弹簧秤称重量，再拿到赤道重新称重，你会发现，重量少了5克。当然，5克不能算是很大的数据，这个差别不算大。但是，事实上，物体越重，差别越大。一辆蒸汽车，从阿尔汉格尔斯克到熬德萨，会变轻60千克，约等于一个成年人的重量。重2万吨的舰船，从白海到黑海，会减少刚好80吨，大约是一辆蒸汽车的重量。

为什么会产生上面这些现象？因为地球在做旋转运动，运动过程的离心力会想将地球表面的所有东西都抛出去，就像实验中做旋转运动的伞会把伞中的小球抛出去。地球表面的东西受地球旋转的离心力作用，倾向于飞离地球，但是又受到地球引力的作用。人们一般把这种引力称为重力。尽管地球不能把地球表面的东西都抛出去，但是减少它们的重量还是做得到的。这就是物体会随地球的旋转而重量发生变化的原因。

物体旋转的速度越快，重量的减少就越明显。根据科学家们的推算，如果地球以目前转速的17倍旋转，那么赤道上的东西将会彻底没有重量。如果旋转速度再快些，如每小时自转一周，那么不只是在赤道上的东西，就连赤道附近的国家和海洋里的东西都会完全没有重量。

思考一下，这代表着什么呢？东西没有重量！我们知道，这表明，没有东西是你举不起来的，如蒸汽车、巨石、巨型炮台、军舰、汽车和武器，举起这些东西就跟现在举起一根羽毛一样轻松。如果你把它们扔了下去，放心，它们不会伤害到任何人。因为它们其实并没有落下来——它们没有重量，在哪里放开它们，它们就飘浮在哪里。比如，你乘坐热气球在空中飘浮，想把自己周围的东西扔到气球外边，这些东西也不会掉下来，只能仍然飘在空中。那样的世界多么神奇呀：你能跳到以前跳不到的高度，你能跳得比高大的建筑物和高山还要高，这是现在情况下异想天开的事。只是别忘了这一点：往上跳是件很容易的事，但是要想跳回来就无能为力了。因为没有了重量，向上跳起后是不会自己往下落的。

另外也会有其他的烦恼。想象一下这样的情况：不论是大的物品还是小的物品，总之是所有的东西，如果没有东西固定它们，那么一缕清风吹过，它们都将飘浮在空中。人、其他动物、小汽车、货车、轮船，一切东西都横七竖八地飘浮着，飘浮的时候还可能碰着、磕着，造成损坏。

如果地球旋转速度太快，就是这样的情况。

棉花糖制作的过程也是利用了离心力的作用。棉花糖机的外形像一个大碗，机器中间有个加热腔体。蔗糖在加热腔中受热融化成糖浆，加热腔高速旋转，所以糖浆在离心力的作用下经由小孔喷射到"碗"中，就有了蓬松的棉花糖。

3 制作 10 种漂亮的陀螺

在下面的图片中我们能看到 10 种用不同方法制作成的陀螺。我们可以利用这些陀螺来完成一些有趣的实验。做出这些陀螺其实并不算难，不需要其他人的帮助，甚至也不用花钱，我们可以自己动手制作这些陀螺。

下面让我们一起看看怎么制作这些陀螺吧。

1. 如果你可以找到如图 4 所示的有 5 个小孔的扣子，那么想要制作一个陀螺就很简单。从扣子中间的小孔（也就是扣子上唯一可以穿过东西的孔）穿过一根一端被削尖了的火柴棍，第一种陀螺就完成了。这种陀螺，火柴棍的尖头和钝头都能旋转。想要让钝头一端旋转，只要把钝头向下，用手指迅速拨动陀螺的轴，同时快速地把陀螺丢在桌面上，这时就能看到陀螺旋转起来了。转动的陀螺摇摇晃晃，非常有趣。

图 4

2. 没有带孔的扣子也可以制作陀螺。比如，可以用很常见的软木塞，从软木塞上面均匀地切出一个圆片，把火柴棍穿过圆片，第二种陀螺就制作完成了（图 5）。

图 5

3. 在图 6 中，你可以看到一种独特的陀螺——核桃陀螺。核桃陀螺尖尖的一头向下能够旋转。只要把一根火柴棍扎进核桃的钝头一端，就可以制作出一个核桃陀螺了。捏住火柴，快速拨动，核桃陀螺就旋转起来了。

图 6

4. 还有一种更好的方法：找到一个又平整又大的软木塞（或者瓶子上面的塑料盖）；用烧红的铁丝或金属毛衣针，在软木塞的正中间烧一个洞，然后在洞里插入火柴棍，第四种陀螺就完成了。用这种方法制作的陀螺，旋转时间长，而且旋转平稳。

5. 接下来给大家介绍一种独特的陀螺制作方法：找到一个装有护肤霜的圆盒子，用一根削得尖尖的火柴棍从圆盒子的正中间穿过。必须在小孔中滴上几滴蜡油，这样才能让火柴棍固定在小圆盒中间而不能滑动（图 7）。

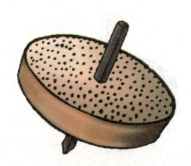

图 7

6. 接下来，我们会制作一种十分好玩的陀螺。用一张硬纸剪出一个小圆片，在小圆片的周围，均匀地系上带有扣鼻（吊钩）的球形纽扣。当转动陀螺的时候，纽扣会沿着小圆片的切线方向飞起来，连接纽扣和小圆片的线会绷得很紧，这个时候，就可以发现前面提到过的离心力的作用（图8）。

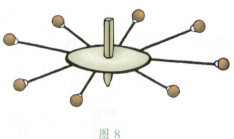

图 8

7.下面的方法和前面的有点像。在大头针上穿上彩色的小圆珠，从软木塞上切下一个小圆片，再把大头针插到小圆片上，陀螺就制作完成了（图9）。这种陀螺在旋转的时候，小圆珠会因为离心力的作用向大头针针帽的方向移动。如果光照情况好，旋转的过程中，大头针会产生银白色的光带，小圆珠则会产生彩色的光环，彩色的光环分布在银白色的光带上。如果想欣赏到更美丽的陀螺，可以把它放到平滑的盘子中。

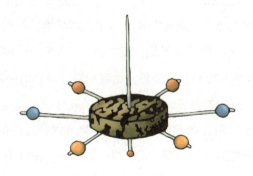

图 9

8.彩色陀螺（图10）。虽然这种陀螺的制作过程比较烦琐，但是能欣赏到它令人叹为观止的效果，我们的动手制作还是值得的。找到一张硬纸板，中间剪出一个小圆片，从小圆片中间扎入一根削得尖尖的火柴棍，再上下各用1片从软木塞上切下来的圆片压紧纸片。这个时候，在硬纸片上，经过圆心画几条半径，把圆平均分成几等份，就像分蛋糕一样。把分出来的一样大小的扇形，相间地涂上黄色和蓝色。这样，陀螺旋转的时候，我们会观察到什么呢？硬纸片的颜色既不是蓝色，也不是黄色，而是绿色。在我们眼中，看到了黄色和蓝色融合出的新的颜色——绿色。

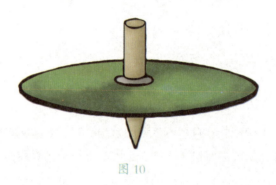

图 10

你可以接着进行混合色彩的实验。涂抹一张天蓝色扇形区域和橙黄色扇形区域相间分布的圆形纸片。这种情况下，陀螺在旋转的时候，纸片呈现给我们的颜色不是黄色，而是白色。准确来说，应该是淡灰色，而且天蓝色和橙黄色的颜色饱和度越高，灰色就越淡。在物理学中，如果两种颜色混合之后得到白色，那么这两种颜色就是"互补色"。因此，这种陀螺的制作原理让我们明白，天蓝色和橙黄色是杂色，也就是经过混合的颜色。

如果你能找到很多的颜色，那么你就可以进行一个实验——在300多年前，由英国科学家牛顿首次进行的实验。实验过程是这样的:把圆纸片平均分成7个扇形，分别涂上红、橙、黄、绿、青、蓝、紫7种彩虹的颜色。旋转的时候，这7种颜色会混合成灰白色。这个实验表明:白色的太阳光线其实是由许许多多彩色的光线组成的。

我们还可以对彩色陀螺做一些改变：在陀螺转动的时候，在转轴上套一个纸圈。此时，纸片的颜色也会马上改变（图11）。

图11

9. 会作画的陀螺（图12）。这种陀螺的制作方法和上面的方法类似。区别在于，转轴不用一端尖尖的火柴棍或小棍，而是削过之后的铅笔。把制作完成的陀螺放在稍有倾斜的硬纸板上。陀螺转动的时候，会缓慢地沿着纸板倾斜的方向向下运动，同时，铅笔会绘制出螺旋形的陀螺运动轨迹。可以很容易就数出来螺旋形的圈数。因为陀螺每旋转一周，铅笔都会同时绘制出一圈螺纹状的运动轨迹。所以，结合手表，就能够计算出陀螺1秒钟旋转了多少圈。如果只是用眼睛观察陀螺，想要数明白陀螺转了多少圈是很困难的。

图12

接下来介绍另外一种会绘画的陀螺。制作这种陀螺需要准备一块圆形的铅片。在铅片的中间打一个小洞（因为铅很软，所以比较容易打洞），然后在小洞的两侧再分别穿一个小洞。

在中间的洞中插入一根削得尖尖的小棍，在边上的一个小洞中穿过一段涤纶线或者一根头发，线或者头发的下面要比陀螺的转轴长一点，然后用断了的火柴固定住。余下的第三个小洞不用，这个洞的作用只是保持铅片两边的重量平衡，不然的话，陀螺会因为重量不平衡而不能平稳地旋转了。

现在，会绘画的陀螺就完成了。但是为了试验的顺利进行，我们还需要一个炭熏的盘子。首先把盘子放到柴火或者蜡烛的火焰上熏烤一会儿，盘子表层会出现一层浓重的黑色烟痕，然后把陀螺放到盘子里。在陀螺转动的时候，线或头发的尾部会在烟痕上扫出白色的纹路。虽然凌乱，但是仍然很漂亮（图13）。

图 13

10. 还有最后一种陀螺——旋转木马陀螺。说到旋转木马陀螺，是不是感觉制作起来会很难呢？其实它的制作方法比感觉上的要简单得多。这种方法里面用到的圆片和转轴，与前面介绍的制作彩色陀螺时的一样。在圆片上用大头针对称均匀地插上旗子，然后再在圆片上均匀地固定上骑着马的士兵。微型旋转木马制作成功了，可以用它来哄弟弟妹妹们开心了（图14）。

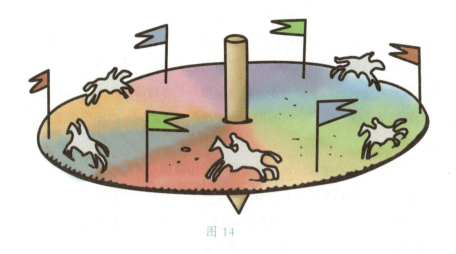

图 14

4 碰撞运动

　　不管是在意外情况下，还是在游戏中，两个物体撞在了一起，如两艘船、两列轨道列车或者两个槌球，物理学家们称这类现象为"碰撞"。碰撞的发生只在片刻间，然而，通常情况下，相互碰撞的东西都是有弹性的。这样的话，在碰撞中其实经历了一系列很复杂的过程。物理学家们将弹性碰撞发生的过程分成了三个阶段。第一阶段，两个碰撞的物体在彼此碰到的地方相互挤压。然后接着发生第二阶段：物体的挤压程度达到最大。这个时候，随着挤压过程产生的弹力会阻止挤压的继续进行，因为弹力平衡了挤压产生的力。第三阶段：因为物体想要利用弹力回复在第一个阶段被挤扁的外形，所以弹力会把物体推向受挤压力相反的方向。此时，去碰撞的物体反而像是被撞回了一样。我们也可以发现：如果一个槌球去撞一个静止的、质量一样的槌球，那么，在两球相撞的时候，因为反作用力，主动碰撞的槌球会停止运动，而被撞的那个槌球就会以第一个槌球发生相撞时的速度开始运动。

我们可以进行一个有趣的实验，准备一些一样的槌球，如果把一个槌球滚向一排呈一字形紧密排列的槌球上，会发生什么呢？排成一排的槌球把第一个球发生碰撞受到的力挨着传递了过去，但是在传递的过程中，除了离碰撞点最远的球快速地飞出去外，其他的球都仍保持静止不动。因为距离碰撞点最远的那个球不能把受到的冲击力传递给其他的球，也不能再受到其他球的反冲力了。

　　做这个实验的时候，如果不用槌球，用跳棋或者硬币也可以成功。如图15所示，可以把跳棋排成长长的一列，要保证它们紧密排列。用手指摁住第一个跳棋，用木制尺子撞击跳棋的侧边，这个时候，我们就能观察到，中间的跳棋都保持静止，只有最后一个跳棋被弹了出去。

图 15

5 水杯中的鸡蛋

　　我们见到过杂技表演者能在保证桌面的东西，如盘子、水杯、瓶子等不动的情况下，把桌布抽出来，使观众叹为观止。其实，这个表演并没有多么奇妙，但它也没有什么特别的技巧，只要四肢敏捷并多加练习，熟练之后就可以做到。

也许我们没有办法将那个杂技练到那么炉火纯青的水平，但是一个类似的小实验倒是很容易做到的。准备四样东西：一个装有半杯水的水杯，一张明信片（半张的更好），一个大一些的戒指（可以是男士的），一个熟鸡蛋。按下面的方法摆放这四样东西：把水杯放在平稳的桌面上，明信片盖在水杯上，戒指放在明信片上，最后把鸡蛋竖着放在戒指上（图16）。这时，如果我们快速抽出明信片，鸡蛋会不会滚下来呢？

图 16

第一感觉，会认为这跟表演抽桌布而让桌上的杯盘不动一样很难做到。事实上，只要在明信片边缘用手指轻轻一弹，就能完成这个神奇的实验了。明信片被弹得飞了出去，而鸡蛋则会和戒指一起平稳地落入水杯中。因为水杯中有水，减弱了鸡蛋下落时的冲击力，所以即便是下方的戒指也不会对蛋壳造成破坏，使鸡蛋完好无损地落入水中。

用熟鸡蛋做这个实验熟练之后，可以试试换成生鸡蛋。

这个奇妙实验的原理是：因为明信片弹出的速度很快，时间很短，明信片在一瞬间就飞了出去，而鸡蛋还来不及从明信片那里受到任何力。没有了明信片的支撑，鸡蛋就竖直向下落到了水杯中。

如果你想马上就能成功地完成这个实验，可以先练习一些稍微容易点的实验。把明信片（半张的更好）放在手心中，在明信片上放一枚重硬币。接着用手指弹明信片，这时，明信片飞了出去，而硬币还在手中。如果把明信片换成公交卡，实验会更简单。

6 不可能的断裂

舞台上经常会表演一些看起来很神奇的魔术，说白了，其实都很容易。在一根长木棍的两端挂上两个纸带，一个纸带挂在剃须刀的刀片上，另一个纸带挂在一只烟斗上（图 17）。魔术师举起另外一根木棍，用力地敲击挂在纸带上的长木棍。结果会怎么样呢？挂在纸带上的长木棍被打断了，而两个纸带却是丝毫无损。

图 17

这个实验的原理跟前面的类似。因为冲击力非常快，发生作用的时间非常短，从而无论是纸带，还是木棍的两头，都来不及产生任何运动。只有受到直接敲击的那部分木棍产生了运动，因此，木棍被打断了。成功完成这个实验的关键在于：敲击木棍的速度要够快、力要够大。速度慢或者冲击力小，木棍不会被打断，反而可能破坏纸带。

甚至有些水平高的魔术师，可以在一点也不弄坏玻璃杯的情况下，把架在两个薄玻璃杯边上的木棍打折。

跟大家介绍这些，当然不是想要你完成同样的魔术，但是你可以尝试稍稍简单些的实验。把两支铅笔放到桌子或者凳子的边上，铅笔要露出桌子边缘一些，然后在超出桌子边缘的铅笔上放置一根细长的木棍。用一把尺子快速、猛烈地敲击木棍的中间，那么，木棍断裂成两截，而铅笔仍保持不动（图18）。

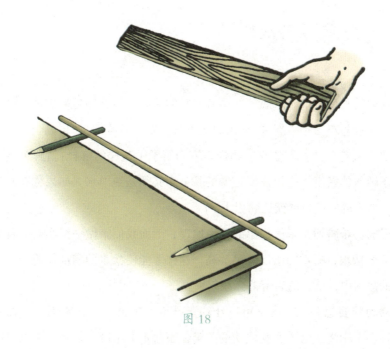

图 18

现在你该知道，为什么用手掌不能捏碎核桃，拳头用力一砸，核桃却碎了。因为，虽然手掌使出的力气大，但是手掌中的物体均匀受力，而用拳头砸东西，冲击力会分散到手上柔软的部位，同时手上的肌肉如坚硬的东西那样，抵抗住核桃的反冲力，从而把核桃砸碎了。

同样的道理，用子弹射击玻璃，会留下一个小洞眼，而用手丢块石头去砸玻璃，却能砸碎整块玻璃。如果缓慢地用手推玻璃，甚至会把窗户框和百叶窗一起推倒。这是子弹和石头都做不到的。

最后，再举一个例子：用一根树枝抽打树干，如果速度很慢、力气很大，树干也不可能会被打断，只会向一边倾斜。只有速度很快，才有可能抽断树干，当然，很粗的树干除外。这个道理跟前面说过的类似。树枝的运动速度很快的话，树干受到的冲击力没来得及传递到其他地方，而只能集中在被树枝抽到的那一小块地方，所以树干就被打断了。

7 鸡蛋模拟潜水艇

新鲜的鸡蛋会沉到水底，这是有经验的家庭主妇都知道的事情。她们用这种方法检验鸡蛋是否新鲜：如果鸡蛋下沉，则是新鲜的；如果鸡蛋浮在水面上，那么就是坏的，不能吃。物理学家们给予了这样的解释：新鲜鸡蛋的密度大于纯水的密度。这里需要强调的是，水必须是纯净水。如果你在水里加了盐，盐水的密度可能就比鸡蛋大。

根据古希腊阿基米德提出的浮力原理，下面我们来做一个实验。首先准备一杯浓盐水，盐水的浓度要足够高，这样才能使盐水的密度比鸡蛋大。在这样的盐水中，所有的鸡蛋都会浮起来。

动动脑筋想一想，可不可以让鸡蛋既不下沉也不浮在水面上，而是刚好悬浮在水中呢？这个实验成功的关键在于盐水的浓度。盐水的密度要刚好等于鸡蛋的密度，即鸡蛋完全没入水中时排开的盐水重量等于鸡蛋本身的重量。我们在配制盐水的时候，可能需要多试几次：如果鸡蛋浮在了水面上，那么就是盐加少了，需要继续加盐。如果鸡蛋沉到了水底，那么就是盐加多了，可以再加点纯净水。加到盐水密度刚好的时候，鸡蛋就会全部没入水中，并且保持静止，不上浮也不下沉（图19）。

图 19

潜水艇就是利用这个原理制作出来的。当潜水艇完全没入水中时，它排开的海水重量刚好与潜水艇本身的重量一样。想要潜水艇下沉，就往潜水艇的水仓里面灌水；想要让潜水艇上浮，就往外排水。

飞艇①（注意是飞艇，而不是飞机）之所以能飘浮在空中，也是利用了这个原理：就像鸡蛋"悬浮"在盐水中是一样的，飞艇排开的空气重量跟它自身的重量是相等的。

注　释

①飞艇是利用比空气密度小的气体来提供浮力的一种浮空器。根据工作原理的不同，浮空器可分为飞艇、系留气球和热气球等，其中飞艇和系留气球是军事和民用价值最高的浮空器。和系留气球相比，飞艇多了自带的动力系统，可以自行飞行。飞艇分为有人和无人两类，也有拴系和未拴系之别。

8 浮在水面不下沉的针

一枚缝衣针可以像稻草一样漂浮在水面上吗？这恐怕是不可能的，缝衣针虽然很小，但毕竟是块实心的铁，所以肯定会沉下去——可能很多人都是这么想的。

如果你也这么认为的话，那就一起来看看下面的实验吧，或许你的想法会发生改变。

准备一根普通的金属缝衣针，不能太粗，在针上面涂抹一些黄油或猪油，然后小心地把它放到盛有水的碗里、水桶里或者杯子里。发生了令人惊讶的事情：缝衣针就那样浮在了水面，并没有沉下去。

缝衣针为什么没有沉下去呢？钢铁的密度确定无疑是比水重的呀。确实如此，相比同体积的水，缝衣针要重7~8倍。那它又怎么会像火柴一样漂浮在水面上呢？但我们确实在上面的实验中，看到了浮在水面上的针。这是怎么回事呢？仔细观察，你就能找到原因。你会发现，针周围的水面凹了下去，出现了一个凹槽，而针就浮在这个凹槽中。

水面出现凹槽的原因是针上面有黄油，而黄油与水不相溶。平时生活中，你可能也有这样的经历：当手上油很多的时候，用水冲洗，手也不会被打湿。几乎所有水禽，包括鹅，它们的翅膀上都有一层由特殊腺体分泌的油脂。这层油脂能保护它们的翅膀不被水打湿。如果我们不用肥皂，就是用热水也洗不干净手上的油。肥皂能破坏手上的油脂层，所以用肥皂可以洗去手上的油。在上面的实验中，油腻的针之所以没有下沉，而是浮在了凹槽的中间，就是因为水膜产生了使水面恢复的力，也就是水面张力，正是这个张力把针托在了水面上使它不会沉到水中。

有时候不刻意给针涂抹黄油，针也能浮在水面上。这是因为，我们的手通常都会有点油腻，拿过针之后，针上面就有可能已经有一层很薄的油层了。因为这样的油膜很薄，所以往水面上放针的时候要非常小心。为了操作成功，我们可以这样做：用一张卷烟的碎纸托住针，放到水里之后，用另一根针小心地把纸压到水里，使纸沉下去，而针则会浮在水面上。

有一种昆虫，叫水黾虫，它可以自由地在水面上爬行，就跟很多动物在陆地上行走一样（图 20）。根据前面讲到的知识，你可能已经猜到，这是因为它的足部有一层油脂，使它的身体不仅不会被水打湿，而且还能因为水膜的反作用力承受了部分体重，更容易在水面爬行。

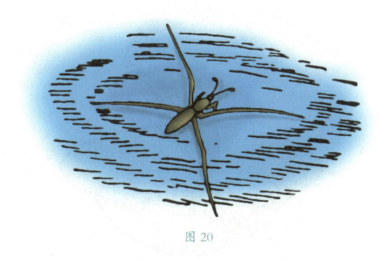

图 20

9 潜水钟

想要制作潜水钟一点都不难。需要先准备两样东西：首先准备一个普通的洗脸盆，或者口大底深的罐子；然后再准备一个高筒的玻璃杯或者高脚杯。在这个实验中，高筒玻璃杯或高脚杯就是我们要的钟，盛有水的脸盆就是迷你版的江海或湖泊。

实验过程很简单。用手按住杯子底部，把玻璃杯垂直倒扣在水中。这时候，你会观察到，几乎没有水流进杯子里。这是因为，杯子里面有空气，空气阻止水进到杯子里。还有一个可更明显地观察到这个现象的方法——在杯子中放一块糖或其他可以溶解在水中的东西。首先找一个软木塞，从上面切出一个小圆片，把小圆片放到水面上，接着把糖块放到小圆片上，然后把玻璃盖在糖块上，一直压到水底。你会发现杯子中的糖块位置比杯子外面的水面还低，但还是干的，因为水根本没有流到杯子里面（图21）。

图 21

取一个玻璃漏斗，也可以完成这个实验。用手指堵住漏斗的细嘴，把漏斗的宽口朝下，摁在水中，水并没有流进漏斗中。但是如果我们把手指移开漏斗口，使漏斗内外的空气流通，那么，水就会马上流进漏斗，直到漏斗内外的水面一样高。

通过这个实验，你应该知道了，虽然我们看不见空气，但空气是真实存在的。空气也需要占有一定的空间。如果没有可以流动的地方，它会坚守自己的地盘。

同时，这个实验也让我们明白了，人们是如何利用潜水钟或者宽口水管（如水套）在水下作业的。原理和脸盆里面的水不会流进倒扣着的玻璃杯中是一样的。

10 水为什么不会流出来

我年轻的时候，经常做这样一个好玩又简单的实验——用明信片或其他纸片，盖在一个装满水的玻璃杯上，然后用手指轻轻按住纸片，把玻璃杯倒过来，松开手指。接下来，神奇的事情发生了：倒置的玻璃杯上的纸片没有掉下来，杯中的水竟然也没有流出来。

你甚至可以拿着倒置的玻璃杯走来走去，水也不会流出来。如果你用这种方法端水给别人喝，一定会令他大吃一惊。

纸片为什么能不掉下来，还能承受住水的重量呢？这是因为大气压力的作用。大概算一下，玻璃杯中水的重量约为 200 克（约为 1.98 牛顿），而大气压力远远大于这个值。

我第一次看到这个实验的时候，做实验的人告诉我，这个实验成功的秘诀是杯子里的水必须是满的。如果杯子里面的水不满，杯子里面就会有空气，纸片内外同时都受到大气压力，内外大气压力相互抵消，那么，纸片就会掉下来，实验就会失败。

听完他的话，我马上自己动手做这个实验。我没有在杯子里面灌满水，想看看纸片是否会掉下去。但是，结果并不像他说的那样。用没有装满水的杯子进行这个实验，纸片也没有掉下来。我又继续做了几次这样的实验，纸片都没有掉下来，仍然盖在杯口上，就跟用灌满水的杯子做实验一样。

这件事对我的启发很大，对我产生了深刻的影响。它让我懂得了研究自然科学的正确态度。检验自然科学正确与否的最好方法只有实验。尽管有些理论看起来很有道理，但不一定就是正确的，一定要通过实验来验证。17 世纪，佛罗伦萨学院的首批自然科学研究者，说过"检验再检验"。理论一定要经得住实验的验证。如果理论与实验冲突，那么一定是理论有纰漏。

认真思考一下，就会明白为什么用没有装满水的玻璃杯，也能完成这个实验。原因在于：虽然杯子里面也有空气，但是杯子内的空气，比杯子外面的稀薄，它产生的压力也小。杯子里面的空气之所以稀薄，是因为在倒置杯子的时候，水向下流动，排挤出了一部分空气，剩下的空气占据了原来的空间，自然就会变得稀薄。当倒置玻璃杯之后，我们可以小心地拉开纸片的一个小角，会观察到，水里产生了气泡。这就说明，杯子里面的空气压力比外面小，所以外面的空气也想溜进杯子里。

由此可见，只要有认真的态度，哪怕是很简单的物理实验，也会引起我们深刻的思考。伟人之所以伟大，就是因为他们善于从小事中学习到大智慧。

11 水中取物却不湿手

看过前面的实验，你应该知道了，空气会对它所接触到的所有东西都产生压力。物理学家们把这种压力叫作大气压力，简称气压。下面我们通过一个实验再来感受一下大气压力的存在。

首先找到一个光洁的盘子，在盘子里面放置一枚硬币或者金属纽扣。

然后在盘子里面倒上水，让水淹没住整个硬币。在这种情况下，如果想要手不弄湿，而把硬币取出来。你是不是觉得不可能做到？用下面的方法就能做到。

操作方法如下：我们先放一张纸在玻璃杯里，然后点燃纸，在纸开始冒烟的时候，把杯子倒扣在盘子里。当然，杯子一定不能扣在硬币上。接着，随着纸张燃烧完毕，杯子里面的空气也由热逐渐冷却。在空气冷却的过程中，水渐渐地流进杯子里，就好像杯子里有东西在吸水一样。最后，盘子里面的水会全部流进杯子里（图22）。

图 22

　　再等一会儿，硬币就会晾干，此时你把它拿走，手当然不会被打湿。

　　这个实验的原理也很简单。物体受热会膨胀，空气也不例外。当纸片燃烧时，杯子里的空气受热膨胀，而杯子容积有限，所以，一部分空气就被挤出了杯子。当杯子里的空气冷却下来，杯子中的空气稀薄，压力小，不能完全抵消外面的大气压力。杯子外面的水，在大气压力的作用下，被挤进了杯子里。这样，你就明白，其实水不是被吸进去的，而是被大气压力压进去的。

　　知道了实验原理之后，我们还可以用其他方法来完成实验。做这个实验不一定需要点燃东西。成功的关键在于让杯子里面的空气受热，而杯子受热的方法有很多。可以在把杯子摁到水里之前，用热水涮涮就行了。

　　喝茶的时候也可以进行这个实验。先提前在碟子里装些水。然后把刚盛完热茶的杯子，倒扣在碟子上。一两分钟之后，碟子里面的水就流进茶杯里了。

12 自制降落伞模型

你自己动手做过降落伞吗？制作降落伞的模型很简单。首先准备一张卷烟用的锡纸，剪出一个手掌大的圆片；然后在圆片的中间挖出一个直径约2厘米的洞；再在这个洞的边缘均匀地挖一些小洞，用长度相同的线分别穿过每个小洞；最后把这些线的末端系在一个不算太重的负荷物上。这样一个简单的降落伞模型就制作完成了。在紧急关头，降落伞可用来救人。

如果想试一下自己制作的降落伞是否成功，可以把它从楼上扔下来。在降落的过程中，线会被绷紧，纸会展开，降落伞非常平稳地向下飞行，最后轻轻地落在了地面上。当然，这是在没有风的情况下。如果有风，哪怕是微风，降落伞也会跟着风飘走，落到远处。

为了保持降落伞的平稳，必须有负荷物。降落伞能承受负荷物的重量与伞面的大小呈正比。降落伞的伞面越大，它能承受的负荷物重量就越大，没有风的时候，降落的速度也就越慢，有风的时候，飘得也就越远。

那么，降落伞为什么能够飘那么久呢？你是不是已经知道答案了？是的，就是空气阻力。空气阻力阻碍了降落伞的下降。如果没有伞面，负荷物很快就会掉在地面上。因为伞面加大了负荷物受力的表面积，而又没有增加多少重量。降落伞面的表面积越大，空气阻力的作用就越明显。

通常，大家都会认为，灰尘能够飘浮在空气中，原因在于灰尘比空气轻。明白了降落伞的原理之后，就会知道灰尘能飘浮在空气中的真相是什么了。

灰尘其实就是石头、土、金属、木材、煤炭等的微粒。这些东西的重量都比空气大几百倍，甚至几千倍：石头是空气的1 500倍，金属约是空气的6 000倍，木材是空气的3 000倍，等等。所以，灰尘比空气重多了。灰尘是不可能像木屑漂在水面上一样飘浮在空气中的。

从重量方面考虑，任何固体或液体的微粒的重量都比空气大，它们在空气中都应该下沉，而不是悬浮在空气中。事实上，灰尘确实在向下掉，只不过下降的方式和降落伞类似。尽管灰尘的重量比空气大，但是灰尘的表面积很大，所以灰尘能够悬浮在空气中。我们用子弹和小霰弹为例，霰弹的重量是子弹的 1 000 倍，而子弹的表面积是霰弹的 100 倍，也就是说，霰弹的单位表面积是子弹的 10 倍。假设霰弹和子弹的重量一样，那么，霰弹的表面积是子弹的 10 000 倍。所以，空气对霰弹的阻力是对子弹阻力的 10 000 倍。因此，悬浮在空气中的灰尘，其实是像降落伞一样，在缓慢地往下降落，一阵微风吹过，就会把它吹起。

13 热气流下的纸蛇和纸蝴蝶

用明信片或者硬纸片制作一条纸蛇。首先剪出一个玻璃杯口大小的圆片，然后均匀地呈螺旋形剪开，就像蜷缩着的蛇（图 23）。在纸蛇的尾部摁一个小坑，用缝衣针穿过小坑，再把缝衣针扎进软木塞固定。这时，我们就会看到，螺旋形打开，纸蛇的头向下垂落。

图 23

进行实验的时候，需要在纸蛇的下面加热。可以把它放到炉灶旁、煤油灯或者热茶上面。比如，把纸蛇挂在煤油灯上面，纸蛇就会扭动起来，火焰越旺，纸蛇打转就越明显（图 24）。

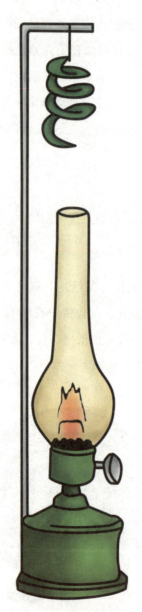

图 24

那么，纸蛇为什么会扭动呢？答案是因为有气流的存在。任何发热物体的旁边都会形成向上的热气流。煤油灯在燃烧，火焰上面的空气受热膨胀，变得稀薄，也就是变轻了，所以热空气向上运动。热空气向上运动，冷空气就会过来占据原来热空气在火焰上方的位置，但冷空气过来之后，又会被火焰加热，变成热空气，也向上运动。同时，又会有新的冷空气流过来。所以，只要火焰一直在燃烧，那么它的上方就一直存在热空气和冷空气的循环流动，也就形成了热力环流①。换句话说，就好像一直有一股股的热风在从火焰上往上吹。正是这股热风，吹动纸蛇不停地舞动。

还可以用其他形状的纸片来进行这个实验，比如蝴蝶形的。用卷烟锡纸剪出一只纸蝴蝶，在蝴蝶上系上一根绳子，把蝴蝶挂在电灯泡的上面。灯打开一会儿，等灯泡热了之后，纸蝴蝶就会翩翩起舞，就像花园中的真蝴蝶一样。天花板上还有蝴蝶飞舞的影子，影子的舞动幅度更大。不知道真相的人，说不定会以为，屋子里面真的有一只大蝴蝶呢。看，它正在天花板上挥着翅膀呢。

还可以准备一个软木塞和一根针，把针的一端扎进软木塞中，另一端扎在蝴蝶重心的位置，以使蝴蝶保持平衡。想要找准蝴蝶的重心，可能需要多试几次。在蝴蝶的周围放上热物体，蝴蝶就会在热气流的作用下飞舞，还可以用手加点风，让蝴蝶飞舞得更加灵动。

在上面的这些实验中，我们观察到，空气受热膨胀会形成向上的热气流，这种现象，我们在日常生活中也经常会遇到。

比如，冬天在供暖的屋子里，热空气浮在上面，汇集在天花板上，而冷空气则向下运动，汇聚在地面附近。因此，如果房间供暖不足，我们会觉得有股冷风，从脚底往上钻。如果室内的温度比室外高，打开门的一瞬间，冷空气就会拥进屋子，热空气被挤到上面。如果有根蜡烛的话，我们会很容易观察到空气的流动。所以，冬天的时候，如果想要屋子里面暖和些，就尽量不要让室外的冷空气进到屋子里。可以用张毯子，把门缝堵得严实些。这样的话，没有冷空气钻进来，热空气就不会被挤到屋顶的天花板上，也不会顺着门缝溜出去。还有很多类似的例子，比如，煤炉或者工厂熔炉里面的通风，都是向上的热气流。

比如自然界中的信风、季风、海陆风等现象，本质都是冷热空气的流动。还有很多热气流的现象，这里就不一一讲给小朋友听了。

①热力环流是由地面冷热不均而形成的空气环流，它是最简单的一种大气运动形式。城市热岛效应就是热力环流的一种典型表现——在人为原因的影响下，通常城市的年平均气温会比郊区的温度高出1℃左右，最高甚至达6℃以上，温度差使城市的热空气上升，郊区的冷空气下降，空气在城市和郊区之间形成小型的热力环流。

14 瓶子中的冰

想要在冬天弄到一瓶冰，并不是件困难的事。只需要在瓶子里面灌满水，把它放到寒冷的室外，如果天气足够冷，能够把整瓶的水都冻成冰，自然就会得到一整瓶的冰。

但是，亲自做过这件事情的人都知道，想要得到一整瓶的冰并不像想象中的那么简单。我们可以得到冰，但是当水全部结成冰的时候，瓶子却会被胀破。原因是，水结成冰之后，体积会变大，大约增加十分之一，体积膨胀产生的压力，会把瓶子盖顶开，甚至把瓶子撑破。如果瓶子没有盖上盖子，当瓶颈处的水结成冰之后，也就相当于盖了个冰盖子，瓶子一样会被撑破。

水结冰体积增大产生的压力非常大，甚至是金属制品（只要不是特别厚的）都可以被折断①。有人用5厘米厚的铁瓶试过，都被撑破了。所以，冬天的时候，如果水管里面有水，天气很冷的时候，水管就会被冻裂。

冰会浮在水面上而不是沉在水底，原因也正在这里——相同体积的冰和水，冰的重量比水轻。假设水结成冰之后体积是变小的，那么冰就不会浮在水面上，而是会沉到水的下面。那样的话，冬天的时候我们就会失去很多乐趣。

注　释

①冬天很冷时，汽车水箱中的水会结成冰，严重的甚至会将水箱冻裂。为了保证汽车在冬天的时候能继续使用，现代人发明了防冻剂，通过降低水的冰点（水的冰点是 0℃，而普通型防冻剂的冰点一般可达 −40℃）来达到防冻目的。

15 冰块断了吗

也许你听说过，在强大的压力下，冰块会凝固在一起。这句话是不是说冰块受到的压力越大，冰块就冻得越结实。事实刚好相反，压力大的时候，冰块会融化，只不过，由于温度低于 0℃，冰化成水后，冷空气又将它迅速冻成冰。两个冰块在受到外界压力的时候，首先，两块冰相互接触的地方在强大压力的作用下，会融化成水；然后，融化出来的水流到冰块的缝隙，水又很快结成冰。这样，两块冰就牢牢地黏在了一起。

我们可以通过下面的实验来验证一下。准备两个一样高的凳子（椅子或其他物品），把一块长条形的冰块悬在两个凳子中间。取一根细铁丝（直径不超过 0.5 毫米），穿过两个熨斗或其他质量约为 10 千克的物品，然后把铁线拧成一个圆环套在冰块上。你会发现，在重物的作用下，铁丝慢慢地融入了冰块里，最后掉了下来，而冰块却始终没有断开。甚至拿起来仔细观察，冰块几乎完好无损，好像根本没有被铁丝穿过一样（图 25）。

图 25

　　根据前面讲过的冰块在压力下融化的原理，很容易就明白这个实验并没有神秘之处。在铁丝的压力下，与铁丝接触的冰融化成了水，铁丝顺势向下移动，水又迅速结成了冰，看上去，铁丝就像被包裹在冰里面，铁丝不断向下移动，冰块重复铁丝上面融化，下面结冰的过程，最终，铁丝掉了下来，而冰块完好无损，就像没有铁丝穿过一样。

　　自然界中，只有冰这么一种物质可以完成这个实验。冬天的时候，我们可以享受在冰上溜冰、在雪地里滑雪的快乐，都是利用了冰的这种性质。比如，溜冰的时候，在冰刀和冰层接触的地方，因承受溜冰人体重的压力而融化成水。在水的润滑作用下，冰刀能够顺利滑行。冰刀划过之后，水又迅速结成冰。

16 声音的传播

　　远远地观察一个伐木工，你会发现，你听到砍树声音的时候，不是斧头刚好砍进树干的瞬间，而是在那之后，斧头已经拿出来的时候。在远处观察钉钉子的木匠，结果是一样的。

如果感兴趣的话，你可以分段走近，多观察几次。你会发现，每个位置上，你听到斧子声音的那一瞬间，斧头的状态都不一样。当你足够接近的时候，能在看到砍树的同时听到敲击声。再跑到远处观察，又发现，是在斧头已经拿开的时候才听到声音。

原因你是不是已经猜出来了？因为光速很快，几乎一瞬间就能到达，而声音的传播却需要一段时间，所以我们会先看到砍树，再听到砍树声。当我们听到砍树声的时候，距离砍树这一事情的发生已经过了一段时间了，也许伐木工已经再一次举起了斧头。所以，我们看到的情景就会跟听到的声音错开了。如果不知道原理，你会不会以为声音不是在斧头落下砍树的时候发出来的，而是在空中举起斧头的时候发出来的呢？这种情况下，只需要走近一些，就能同时看到和听到砍树了。如果距离很远，也有可能，虽然你看到砍树的同时听到了砍树声，但是听到的声音却是上次砍树的声音，甚至是更早的。

在空气中，声音的传播速度是多少呢？已经有科学家精准测量过了，答案是$\frac{1}{3}$千米/秒。这意味着，需要3秒钟，1千米远处的声音才能到达。而光的传播速度是声音的100万倍，也就是说，光可以在瞬间穿过地球上的任何距离。因此，如果你站在距离伐木工160米远的地方，伐木工每秒砍2次树，那么，你看到砍树的同时，也能听到砍树的声音。

除了空气，声音在其他介质中也能传播，如其他气体、液体、固体。因为声音在水中的传播速度是在空气中的4倍，所以在水里能够听得更清楚。潜水员在水下作业的时候，能够清晰地听到岸上的声音。有经验的渔夫都知道，岸上稍微有点动静，鱼儿就会溜走。

声音在坚硬的固体中的传播速度更快，如生铁、木材、骨头等。准备一根长木条，耳朵贴在一端，让小伙伴从另外一端轻轻敲击木条，你可以清晰地听到敲击的声音。如果周围很安静，甚至在木条的另一端放块机械手表，你都可以清晰地听到表针"滴答滴答"走的声音。其他固体，如铁轨、铁梁、铁管、土壤都能比空气更快地传播声音。把耳朵贴在地面上，如果远处有一匹马奔驰而来，能够更早地听到马蹄的"哒哒"声。用这种方法甚至可以听得到远处子弹射击的声音，这比通过空气听到的快多了。

声音在坚硬的介质中的传播速度比在柔软介质中快得多。比如，柔软的布，或者潮湿、松软的物质，就会把声音"吞噬"掉。在窗户上挂上厚重的窗帘，就能挡住噪声，原因就在于此。此外，柔软的家具、大衣等，也有类似的作用。

小贴士

　　隔音墙，也称为声屏障，分为纯隔声的反射型声屏障（高速公路旁常用这类），以及吸声与隔声相结合的复合型声屏障，后者可以更为有效地隔声。录音间或摄影棚内使用的隔音墙通常是两者的结合，墙体一面为吸音材料，另一面为隔声材料和反射材料；其作用一是减少录音间内各音源的串音，二是利用墙板两面不同的吸音特性，调整音源的音质。

17 头骨与钟声

在上一个实验中，提到了骨头，这种坚硬的固体，能够清晰地传播声音。小朋友们想不想验证一下自己的骨头是不是具有这种性质？

准备一只闹钟，用牙咬住闹钟上面的提手，用两只手堵住自己的耳朵。发生了什么？你清晰地听到了闹钟表针走动的"滴答"声，甚至比平时通过空气听到的还清晰。这种更清晰的"滴答"声，就是通过你的牙齿、头骨，传递到你的耳朵里的。

我们还可以再做一个有趣的实验来验证头骨的这种性质。找到一个金属勺子，把它系在一根绳子的中间，然后把绳子的两端分别塞到自己的两个耳洞里。身子稍微向前弯曲，以便勺子能够自由地摆动。晃动勺子，让它撞在一个固体物质上，这时，你会听到低沉的"嗡嗡"声，好像有一口钟在你耳边敲响。

如果实验用的不是勺子，而是比勺子重的其他物体，实验效果会更加显著。

18 吓人的影子

有一天晚上，哥哥神秘兮兮地问我："想不想看一个有趣的东西？"我说："当然想。"哥哥说："那走吧，在隔壁房间，我带你去看。"

屋子里漆黑一片，我跟哥哥走进去之后，哥哥点了一支蜡烛。我鼓起勇气往前走，推开了隔壁房间的门。突然，我大吃一惊，就在我对面的墙上，有一个扁平的像影子一样的怪物，正咧着嘴，瞪着眼睛直直地盯着我（图26）。

图 26

　　我顿时一惊，拔腿就跑。这时，背后传来了哥哥哈哈的笑声，那笑声中分明带着嘲弄。

　　我满腹疑惑，回头又瞧瞧。原来是哥哥用纸剪出了眼睛、鼻子、嘴巴几个洞，然后贴在了旁边的镜子上。蜡烛的光照到镜子上，又通过这几个洞反射出来，刚好与我的影子重合在一起，形成了这个可怕的怪物。

　　也就是说，我其实是被自己的影子吓到了。后来，我也试着用这种方法去捉弄我的同学们。但那时，我也才发现，要想让吓人的影子刚好出现在面前，也并不是那么简单的。经过几次摸索，我终于明白了其中的奥妙。光线通过镜面反射要遵循一定的规律：

$$反射角 = 入射角$$

　　找到了这个规律之后，就很容易正确地摆放镜子了。

19　测测光的亮度

　　我们都知道，如果把蜡烛放到远一点的地方，比如是原来距离的 2 倍，看到的蜡烛光就没有那么亮了。蜡烛的亮度究竟减弱了多少呢？会是一半吗？如果在 2 倍远处，放 2 支蜡烛，那么会不会跟原来一样亮呢？试过之后，就会发现不是这样的。事实上，如果想要在距离 2 倍的地方，达到原来的亮度，需要放 $2 \times 2 = 4$ 根蜡烛。如果是 3 倍的地方，就需要放上 $3 \times 3 = 9$ 根蜡烛。其他距离，依次类推。也就是说，距离 2 倍远的地方，亮度就会减弱到原来的 $\frac{1}{4}$；距离 3 倍远，亮度减弱到 $\frac{1}{9}$；距离 5 倍远，亮度减弱到 $\frac{1}{25}$……

　　光线的亮度和距离之间的关系，就是这样的。同样地，声音的响度和距离之间也有类似的关系：声源距离是原来的 6 倍时，声音的响度减弱到原来的 $\frac{1}{36}$。

　　知道了亮度和距离的关系，就可以比较两盏灯的亮度了。当然，也可以比较任何其他两种光源的亮度。那么，一盏台灯比一根蜡烛亮多少倍呢？或者说，点多少根蜡烛才能有一盏灯的亮度？

　　在桌子的一头，放上打开的台灯和点燃的蜡烛；在桌子的另一头，垂直地竖起一张白纸，可以用书夹固定住白纸。在距离白纸不远的地方，再垂直地竖起一根小木棒，铅笔也可以（图 27）。白纸上会有两个木棒影子：一个是明亮的台灯照出来的，另一个是昏暗的蜡烛照出来的。我们可以通过改变蜡烛的位置，来使影子的浓淡程度相同。如果影子的浓淡程度相同，那么光源的亮度就相同。分别测量白纸到台灯、白纸到蜡烛的距离。比如，台灯到白纸的距离是蜡烛到白纸距离的 3 倍，这就意味着，台灯的亮度是蜡烛亮度的 3 × 3=9 倍。知道亮度和距离的关系，很容易就想明白了。

图 27

　　还可以利用纸片上的油点来比较光源的亮度。方法就是：分别在纸片的两边放置光源，调整光源的位置，使得纸片上的油点在两边看起来都一样；然后分别测量光源距离纸片的距离；最后，根据亮度和距离之间的关系，就能比较出光源的亮度了。需要注意的是，为了方便观察纸片两边的油点亮度，可以在纸片旁边放一面镜子。这样就能同时看到纸片两边的情况了：一边直接观察，另外一边通过镜子观察。至于镜子怎样摆放，聪明的你一定知道。

20 黑屋子和小孔成像

在果戈理的小说《伊万·伊万诺维奇和伊万·尼基福罗维奇吵架的故事》中有这样一段描写："伊万·伊万诺维奇走进了一个房间，因为护窗板是关着的，所以屋子里漆黑一片。阳光透过护窗板上的小洞照进屋子，看起来炫目多彩。阳光照耀在对面的墙上，映射出一幅色彩缤纷的图画，画上有铺着芦苇的屋顶、有树木，还有晾晒在院子里面的衣服，只不过这一切都上下翻了个儿。"

有一种古老的实验仪器，拉丁名翻译过来也就是"黑房间"。如果有一个带朝阳窗户的房间，那么这个房间很容易就能被改造成这种实验仪器。只需要准备一个可以用来遮住窗户的胶合板或者硬纸板，为了更好地遮光，最好在板上粘上黑纸。对了，还需要在板上挖一个小孔。

在晴朗的天气，把房间的窗户和门窗都关上，让房间漆黑一片。然后用做好的黑板遮严窗户，除了小孔处，其他地方没有光线射入屋子。在小洞的前面放一大张白纸，相当于投影布。这时，一幅图像映现在白纸上了。仔细观察会发现，纸上是窗外景物缩小后的倒置图像，有倒着的房子、树木、动物、人等，都十分逼真（图28）。

图 28

通过这个实验，你明白了什么吗？这个实验说明，光的传播是沿着直线进行的。窗外物体上端的光和下端的光，在小孔处交叉，然后继续直线向前，也就是说，上端的光向下，下端的光向上。如果光线不是直线传播，而是在传播的过程中发生了扭曲，那么白纸上的图像就会是另外一番景象了。

对了，需要说明的是，小孔的形状不会对白纸上的图像产生影响。无论小孔是方的、圆的、三角形、六角形或者其他形状，屏幕上的图像都不会发生变化。走在林荫道上的时候，你有没有观察过，阳光在地面上投下了的斑斑驳驳的光点？你有没有想到，这些光圈其实是太阳的像？因为太阳是圆的，所以投下的光圈也是圆的。仔细观察的话，你又会发现，这些圆圆的光圈其实是有些扁的。这是因为太阳光是斜着照射地球的。如果是在太阳直射的地区，你当然就能得到正圆形的光圈。日食的时候，月亮把太阳遮住，只剩下一个月牙形，这时，你会发现，树下的光圈也变成了月牙形。

照相机的原理跟"黑房间"类似，只是照相机的构成更复杂，成像也更清晰。照相机的后面有一块毛玻璃，倒置的像就呈现在那上面。按下快门之后，摄影师用黑布把自己和照相机都蒙上，不要让光线照进来，就可以预览查看照片。

知道了上面的原理之后，我们可以自己动手制作一个照相机。找到一个方盒子，在盒子的一个面上挖一个洞，然后把与有洞这面相对的盒子板去掉，蒙上一张油纸。这张纸的作用跟真的照相机的毛玻璃作用类似。把盒子放到刚才的那个小黑屋里，使盒子上的小洞刚好对着窗户黑板上的小孔，这时候，你就能清晰地在纸上看到窗外的风景了，当然，还是倒置的。

其实，有了这个相机，我们不用到那个小黑屋，也可以看到纸上呈现的图像。只要用黑布蒙着自己的脑袋和相机，不让其他光线干扰到小孔成像，在任何地方，都能成功地进行这个实验。

21 眼睛和倒置的大头针

在上一个实验中，我们知道了"黑房间"，并学会了自己制作"黑房间"的方法。现在，我要告诉你们一件很有趣的事：其实，我们的眼睛都是一对小型的"黑房间"。眼睛的构造和前面讲过的"黑房间"是一样的。我们的瞳孔，实际上就是一个通向视觉器官内部的小孔，而不是我们以为的是个黑色圆片。瞳孔外面包裹着一层薄膜，还有一种胶状透明物质覆盖在膜的下面。透明的晶状体在瞳孔的后面，它就像是一面双凸透镜。从晶状体到眼球后壁之间，充满着透明物质，成像就发生在这里。如图 29 所示，是眼睛的纵切图。眼睛的这种构造正是为了成像清晰的需要，不仅不会影响成像，而且会使成像更清晰、明亮。另外需要告诉大家的是，眼睛呈现的像是非常小的。比如，有一根 8 米高的电线杆，站在距离 20 米的地方看，电线杆呈现在我们眼中完整的像，其实只有 0.5 厘米。

但是，如果眼睛和"黑房间"原理是一样的，那么，为什么我们看到的像不是颠倒的呢？事实上，其实呈现在眼中的像确实是颠倒的，只不过，我们习惯了把眼中颠倒的像自动转换成正常放置的。

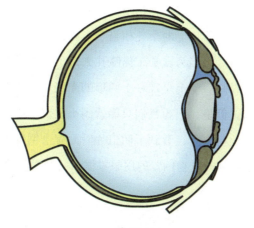

图 29

　　我们可以再做个实验来验证一下。用大头针在明信片上扎一个小孔，卡片对着窗户、台灯等明亮的地方，放在距离右眼睛约 10 厘米处。在明信片和眼睛之间，对着明信片上的小孔，举起一枚大头针，要使大头针的针帽正对着小孔。猜猜，这时候，你会看到什么？在小孔的后面，出现了一个倒置的大头针（图 30）。你还可以移动一下大头针，如果稍微向左边移动，眼睛看到的反而是在向右移动。

图 30

之所以会出现这样的情况，就是因为，此时，大头针在眼睛中的像是正放的，并没有倒置。明信片上的小孔相当于光源，正是它，把大头针的影子投射到了瞳孔上。但是，因为影子距离瞳孔太近了，图像并没有倒置。卡片上小孔的像，会在眼睛后壁上呈现一个圆形的光斑。在那上面有一个大头针的影子，是正着的。但是，因为我们只能看到小孔范围内的大头针，所以，我们以为透过明信片的小孔，看到了明信片后面有个倒置的大头针。原因就在于，我们自动把看到的景物倒置的用眼习惯，已经根深蒂固。

22 有磁性的针

在前面的实验中，我们已经知道怎样让一根缝衣针浮在水面上。现在，我们继续做一个更有趣的实验。找到一个马蹄形的磁铁，然后用磁铁去靠近浮在水面上的缝衣针，猜猜会发生什么？缝衣针就像被什么吸引了一样，向磁铁的方向游过来了。如果在实验前，先把缝衣针在磁铁上摩擦几下，实验的效果会更加明显。需要提醒的是，缝衣针在磁铁上摩擦的时候，要顺着一个方向，而不要来回摩擦。原因是，针在摩擦的过程中被磁化了，针本身带有了磁性。这个时候，用一块普通的铁块去靠近缝衣针，针也会自动向铁块游去，就跟用磁铁时的效果一样。

带磁性的缝衣针还可以做其他有趣的实验。细心的话，你会发现，浮在水面上的针，总是一头朝南，一头朝北，就像指南针一样。用一块磁铁去靠近针的一头，针可能被吸引，也可能被排斥。用磁铁去靠近针的另一头，情况刚好相反。这个现象说明了磁铁的相互作用:同极相斥，异极相吸。

知道了磁针运动的规律之后，我们可以制作一艘有趣的小船。准备一艘简单的小船，在船舱里藏一根带有磁性的针。你悄悄地在手里握一块磁铁，注意，不要被人发现哦。挥一挥手，就能指挥船的航向。这样，一定会让不知道真相的小伙伴们大吃一惊。

23 带磁性的剧院

确切地说，这里指的不是剧院，也许叫马戏团会更准确些，因为这些演员都是在钢丝上表演的。当然，这些演员也不是真人，而是纸人。

首先，我们需要搭建一个剧院，用一个硬纸板剪出一个剧场的样子，在房顶上挂一块马蹄形的磁铁，还需要在房子中间拉一根铁丝。

然后，用纸裁出几个小人，就是杂技演员了，可以把他们裁成不同的造型。用蜡油在纸人的后背粘上一根针，针最好跟小人一样高。

图 31

最后，把这些小人放到铁丝上。你看到了什么呢？"演员们"稳稳地站在了铁丝上。摇动铁丝，也不会把他们晃下来，还能看到他们在铁丝上灵动的"表演"呢（图31）。秘诀就在于，小人背后的针受到房顶上磁铁的磁性吸引。

磁悬浮列车是一种通过电磁力实现列车与轨道之间的无接触的悬浮和导向，再利用直线电机产生的电磁力牵引列车运行的高科技轨道交通工具。磁悬浮列车主要由悬浮系统、推进系统和导向系统三大部分组成，其功能都由磁力来完成。磁悬浮列车运行时与轨道保持一定的间隙（一般为1~10厘米），使运行更安全，也更平稳舒适，且没有噪声。

24 带电的梳子

你是不是以为只有了解电学知识才能进行电学实验？其实并非如此。哪怕你一点都不懂电学，也可以进行一系列有趣的电学实验。这些实验对你之后更深入地了解电学知识有很多的好处。

做这个实验，需要在干燥的地方进行。所以，实验地点最好选择在冬天有暖气的房间。我们知道，这样的空气比夏天时候的干燥得多。

准备一把梳子，塑料的，要保证梳子是干的。然后开始梳头发。如果房间很安静，你就可以听到梳子和头发接触的时候发出噼里啪啦的声音。这其实是电火花的声音。

不仅这样可以产生电火花，用干燥的毯子或者绒布摩擦梳子，也可以产生电火花，甚至电量更大。你是不是想问，怎么检验梳子是不是带电了呢？方法很简单，把梳子靠近轻的小物体，如纸屑、谷壳、小果核等。如果梳子上有电，这些小物体就会被吸起来。

还有一个有趣的实验。用纸折几艘小船，让它们浮在水面上，挥动带电的梳子，就能隔空指挥船的航行。

还有一个更有趣的实验。准备一个干燥的小酒杯，把一个鸡蛋平稳地放在酒杯里，再在鸡蛋上面平衡地放上一把塑料尺子。接着用带电的梳子围着尺子的一端转。这个时候，你会看到，尺子转动了起来（图32）。你可以改变"指挥"方式，向左转转，向右转转，甚至是转圈。

图 32

25 听话的鸡蛋

在上面的实验中，我们知道了塑料梳子摩擦之后会带电。那么，其他物品，如火漆棒、玻璃管、玻璃棒等，摩擦之后能不能带电呢？答案是肯定的。在绒布上摩擦火漆棒，火漆棒上就会带电。在丝绸上摩擦玻璃制品，如玻璃棒或玻璃管，它们也会带电。需要说明的是，玻璃和丝绸都要是干燥的才行。

我们还可以用鸡蛋做一个有趣的带电实验。首先，在鸡蛋的两端各钻一个小孔，对着一端的小孔吹气，把鸡蛋里面的蛋清和蛋黄都倒出来。为了让鸡蛋看起来更像一个完整的，可以用蜂蜡把两端的小孔堵起来。把空蛋壳放到光滑的平面上，如桌子、木板或者盘子上，可以用带电的塑料棒指挥鸡蛋转动（图 33 ）。

图 33

不明真相的观众看到这个实验（最先由著名的科学家法拉第想出来），一定会大吃一惊。把鸡蛋换成纸环或者轻质小球，它们也会跟着带电的小棒旋转起来的。

26 力的相互作用

在物理学上，不存在单方面的力，或者说不存在单方向的作用。任何力的作用都是相互的。也就是说，如果带电的小棒对物体有引力，那么物体对小棒也有引力。我们可以验证一下这种说法：把一个带电体，如梳子或者小棒，用丝线吊在吊环上，要能使带电体自由活动。

这时，你会发现，即使是不带电的物体，也可以对梳子产生引力，使梳子动起来。

这种现象在自然界中很普遍，随时随地都能看到。任何力的作用都是相互的。自然界中不存在单方面的作用力，也就是说，不存在受力的物体不产生反作用。

27 电的斥力与验电器

下面，我们继续用挂在吊环上，可以自由转动的梳子进行下面的实验。在上面的实验中，我们已经看到，任何物品靠近梳子，都会引起梳子的转动。那么，如果用另外一个带电的物体，接近带电的梳子，会发生什么呢？做了下面的实验就会知道了。如果用带电的玻璃棒接近梳子，梳子和玻璃棒会相互吸引；如果用带电的火漆棒去接近梳子，梳子和火漆棒就会相互排斥；如果用另外一把带电的梳子去接近梳子，梳子之间也会相互排斥。

这就是"异电相吸，同电相斥"的物体定律。塑料和火漆被摩擦之后带的电是相同的，都是负电，也叫树脂电；而玻璃摩擦之后带的电有所不同，是正电，也叫玻璃电（树脂电和玻璃电这两个名词现在已经不用）。

根据"同电相斥"的原理，科学家制造出来了"验电器"（一种检测物体是否带电以及粗略估计带电量大小的仪器）。我们也可以自己动手制作一个验电器。

准备一个可以塞住玻璃瓶口的东西，如软木塞或者用硬纸剪成的圆片。首先从瓶塞中间穿一根线到瓶子中，在线的底端，吊一个小金属片或卷烟锡纸；然后用特制的瓶塞塞住瓶口；最后，用火漆密封瓶口，验电器就完成了（图34）。

图 34

用一个带电物体去接近露在瓶子外面的线，物体上的电通过线传递到金属片上，金属片上带上了相同的电。于是两个金属片发生了排斥。这样就可以用来检验物品是否带电。

也就是说如果瓶子里面的金属片或卷烟锡纸发生了排斥，那么，接近线的物品就是带电的。

如果你觉得这种验电器麻烦的话，还有一种更简单的。

准备两个接骨木木核做的小球，把它们挂在一个小棒上，注意，挂上之后的小球要靠在一起。一款简单的验电器就完成了（图35I）。用物品接近其中的一个小球，如果物品上有电，那么两个小球就会相互排斥。这种验电器不是很方便，也不是很灵敏，但是还是可以用来检测物体是否带电的。

下面教大家制作第三种验电器。把锡纸对折后挂在大头针上，然后把大头针扎进软木塞。用带电物体去接近大头针，锡纸上会带上相同的电，锡纸就会张开（图35II）。

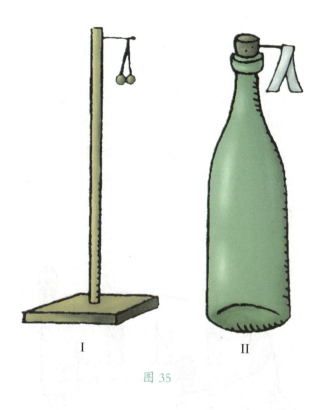

I   II

图 35

28　电的一个显著特点

  今天教大家制作一个简单的仪器，用这个仪器，可以观察到电的一个有趣的显著特征：电聚集在物体的表面，且在物品凸出的部位聚集。

  首先，在火柴盒的两端对称垂直插入两根火柴，用火漆固定，这是我们做的基座。然后，剪出一根纸条，宽度为一根火柴，长度为三根火柴。接着，剪出一些小薄锡纸片，在纸片的两面分别贴三四片。最后，把纸条固定在竖起来的两根火柴上。我们需要的仪器就做好了（图 36）。

  接下来就可以用仪器做实验了。

第一次，把两个火柴棒之间的纸条拉直，用带电的火漆棒去靠近纸条，此时，纸条和分布在纸条两边的锡纸都会带上相同的电，纸条上的锡纸都翘了起来。

第二次，调整一下仪器，使纸条凸出，呈弧形，然后再用带电的火漆棒去靠近纸条，你会发现，只有纸条凸出一面的锡纸翘了起来，另外一面上的锡纸没有变化。这个实验说明了，电只聚集在物体表面凸起的地方。改变纸条的形状，如弯成 S 形，此时用带电的火漆棒去靠近，仍然是只有凸出位置的地方锡纸才翘了起来。

图 36

第二章 用报纸进行的几个物理实验

1 "用脑子看"—铁轨的长度—变重的报纸

"我做了个决定,"哥哥拍着暖气片对我说,"咱们今天晚上一起做几个电学实验。"

"实验?我们之前没有做过的实验吗?"我兴奋地问道,"什么时候?现在就做好不好?我想马上就看到!"

"心急吃不了热豆腐,别着急。这几个实验要在晚上才能做。我现在要先走了。"

"你去干什么,是去拿仪器吗?"

"什么仪器?"

"当然是发电的仪器啊。今天晚上做的不是电学实验吗?做电学实验难道不需要发电器吗?"

"晚上做实验要用的仪器我已经准备好了,在我的包里……你别打主意悄悄从我这拿走仪器自己玩,"哥哥好像会读心术,他一边穿衣服,一边对我说,"就算你去找,也找不到,只会添乱。"

"那么,仪器真的放好了吗?"

"肯定放得好好的,放心吧!"

哥哥就这样出去了,但是却把书包落在屋子里了,就是装着实验仪器的那个书包。

书包引起了我强烈的好奇心,书包对我的吸引,就像磁铁对铁人的吸引一样。我满脑子都是想要翻看书包一探究竟的念头。这念头让我觉得倍感折磨,简直到了不能忍受的地步。

我大感不解,哥哥的书包扁扁的,但是发电器是不是应该很大?我控制不住好奇心,翻开了哥哥的书包,书包没有锁,里面有一些报纸,报纸包裹着几本书。对，就只有这些东西，一些报纸和几本书。我恍然大悟，也许哥哥一开始就是在逗我玩，我却认真了。发电器放在书包里，怎么会是扁扁的呢？

过了一会儿，哥哥回来了，并没有带什么东西。我一脸颓然，哥哥看到我之后，好像猜到了什么。

"看样子，你已经翻过我的书包了？"哥哥问道。

"发电器在哪里？"我反问。

"就在书包里呀。你没发现吗？"

"可是我翻遍了书包，只发现里面有书啊。"

"发电器当然也在里面。你没仔细看。你用什么看的？"

"用什么看？！当然用眼睛看啦。"

"就知道你只用眼睛看了。很多时候，要想弄清楚，需要用脑子看。只用眼睛看是不行的。"

"那么，要怎么用脑子看？我不会啊。"

"来吧，给你看几张图，你就知道用脑子看跟用眼睛看的区别了。"

哥哥从口袋里拿出铅笔，在纸上画了下面的这幅画（图37I），然后对我说："图上的单线代表公路，双线代表铁轨，仔细观察，然后告诉我，从1到2，及从1到3，这两条路哪条更近？"

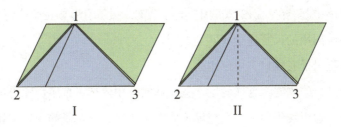

图 37

"当然是从1到2这条路更近。"我自信满满地说道。

"这就是只用眼睛看到的结果。下面我教你怎么用脑子看。"

"首先需要补充一条辅助线，过 1 点，做一条垂直于 2-3 的直线（图 37II），这条直线把由点 1、2、3 组成的三角形分成了几份？"

"这个我看出来了，是相等的两份。"

"对，就是完全相等的两部分。虚线是三角形的中线，中线上的任意一点，到 2 点和到 3 点的距离是相等的。现在你还会觉得那条路近些吗？"

"加了辅助线之后，就可以看得很清楚了，是一样长的，但是之前，分明觉得左边的铁轨比右边的铁轨短呢。"

"那是因为之前你只用眼睛看，现在是用脑子看了。现在你明白用眼睛看和用脑子看的区别了吗？"

"明白了。但是，我们做实验的仪器究竟在哪里？"

"什么？哦，发电器。它就在书包里，一直都在。你没发现，是因为你没用脑子看。"

我看着哥哥把包着报纸的书从书包里拿出来，小心翼翼地把报纸打开，然后把报纸递给了我，对我说："这就是我们的发电器。"

我疑惑不解地盯着报纸。

"用眼睛看的话，没错，这就是报纸。如果会用脑子看的话，就会看出报纸也可以做发电器。"

"报纸就是我们要用的仪器？就是发电器？"

"是的，就是这么回事。对于报纸，你是不是认为它都是很轻的？用一根手指都能举起。在我们的实验中，你会发现，报纸有时候也会变得很重的。来，把刚画图用的尺子递给我。"

"这把尺子有缺口，可以用吗？"

"有缺口的刚好，这样的话，就算在实验中弄坏了也不会觉得可惜。"

哥哥一边跟我说话，一边把尺子放在桌子上，让尺子的一端悬在桌边。

"现在，你先试试用手碰尺子悬在桌子外面的部分。尺子是不是很容易就倾斜了？然后等我把报纸盖在桌子上的尺子上时，再去碰碰尺子。"

接着，哥哥把报纸在桌子上展平，然后盖在桌子上的尺子上。

"你去找根棒子来，用你最大的力气，又快又猛地敲击尺子露出桌子的部位。"

"真的要这样吗？这样的话，肯定会让报纸飞到天上去的。"

我一边说，一边抢起了木棒。

结果太不可思议了。木棒打在尺子上的瞬间，"咔嚓"一声响，尺子断成了两段，报纸反而一动不动。

"怎么样，是不是觉得报纸比你想象的要重呢？"

我盯着断了的尺子和纹丝不动的报纸，哑口无言。

"我们要做的就是这个实验？你确定这是电学实验？"

"这就是实验，不过不是电学实验。先做这个实验是让你见识下，报纸的确是可以用作物理实验的机器。我们一会儿再做电学的实验。"

"但是，你看，我很轻松就能拿起报纸，但是刚才，报纸为什么没有被掀起来？"

"这就是这个实验的关键所在了。报纸受到了很大的空气压力，确切地说，每平方厘米的报纸大约会受到 1 千克的压力作用。也就是说，报纸的面积有多少厘米，你想掀起报纸就需要多少千克的力。比如，我们实验用的报纸的边长是 4 厘米，即面积是 16 平方厘米，那报纸承受的空气压力就是 16 千克。我们实验用的报纸比大，大约有 50 平方厘米，50 千克的力，尺子当然会被打断了。当我们用木棒迅速击打尺子悬在桌子的那部分时，尺子的另一端，要抬起的是报纸加报纸上方空气的压力。要想实验成功，一定要保证击打的速度足够快。如果木棒击打的速度慢，那么，空气从报纸下面的缝隙穿入，此时，报纸上下两面受到的力就会平衡。现在，你总该相信用报纸也能做一些实验了吧。等着吧，天黑了之后，我们就可以进行电学实验了。"

2 手指上的电火花—听话的木棒—圣艾尔摩之火

哥哥用一只手把报纸按在烤热的炉子外壁上，同时，另一只手拿一把刷子刷报纸，就像油漆匠为了把壁纸贴得平整些，用刷子把墙上的壁纸展开一样。

"你看！"哥哥一边对我说话，一边把两只手都从炉子外壁上拿开。出乎意料的是，报纸好像被什么东西粘住了一样，并没有掉到地上，而是贴在了炉子平整的瓷砖上。

"它为什么会贴在上面呢？"我问哥哥，"你刚才并没有涂胶水呀！"

"因为电，把报纸粘住的是电。报纸上带电了，就会被炉子吸住。"

"书包里的报纸是带电的？"

"它一开始在书包里的时候是不带电的。我刚把它贴在炉壁上刷了一会儿，它才带上了电。也就是说，经过刷子的摩擦，使得报纸带上了电。"

"这就是你说的电学实验？"

"是的。不过，这只是刚刚开始……去，把灯关上。"

屋子里漆黑一片，我依稀可辨认出哥哥的位置和白色壁炉上灰色的斑点。

"来，跟着我。"

我有预感，哥哥接下来做的事，一定很有趣。简直太不可思议了，我看到哥哥把报纸从壁炉上拿下来，用一只手托着。然后，他张开另一只手的手指，慢慢接近报纸。就在这个时候，哥哥的手指上出现了蓝白色的跳动的火焰。

"这叫电火花。你要不要试一下？"

我大吃一惊，吓得把手藏到身后。我才不愿意做呢！

哥哥再次把报纸贴在壁炉上，用刷子继续刷了几下，此时，他手指上又迸溅出长长的火花。我仔细观察后发现，其实他的手指距离报纸还有几厘米，并没有碰到报纸。

"来试一下吧，别害怕，根本不会疼。来，把你的手给我！"说着他抓起我的手，把我拉到壁炉边，"张开手指！是的，就是这样！怎么样，是不是真的不疼？"

我还没有看清楚是怎么回事，我的手指上就迸射出了蓝白色的火花。

我只看到哥哥拿起了报纸的一半，报纸的另一半还粘在壁炉上。当火花从我的手指上迸射出来的一瞬间，微微的针刺感从我的手指传来。但其实并不疼，我也就不再对此感到害怕了。

"我还想再来一次。"这一次，我主动请求哥哥。

哥哥把报纸贴在壁炉上，然后直接用手掌摩擦它。

"哥哥，你没有用刷子，是忘记了吗？"

"用不用刷子都可以。看，已经弄好了。"

"是吗？我怎么觉得这次会失败，因为你没有用刷子。"

"只要有摩擦就可以。不用刷子，手是干的就可以。"

结果跟哥哥预料的一样，火花又从我的手指迸射出来了，跟前面刷子刷过时的情形一模一样。

我又欣赏了几次手指上迸射的火花之后，哥哥说道："好了，看够了吧。接下来，我让你看看电流，也就是哥伦布和麦哲伦在他们乘坐的轮船桅杆顶端看到的东西——给我找一把剪刀来！"

哥哥把剪刀弄湿，一只手拿着湿剪刀，另一只手拿着从壁炉上取下来的报纸，两只手之间保持一定的距离。这一次，并没有出现火花，而是从剪刀的顶端出现了一束蓝红色的光。同时，还伴随有轻轻的刺啦刺啦的声音。

"这也是电火花，只不过比刚才的大多了。水手们经常在桅杆顶上看到。人们叫它'圣艾尔摩之火'"。

"它是怎么产生的？"

"你是想问'是谁把带电的报纸放在桅杆上的'吗？事实上，那里根本没有报纸，但桅杆的上方飘着云，云的作用跟报纸是一样的。不要以为这种现象只在海上才出现。我们在陆地上，特别是在山上，一样可以见到。恺撒曾经说过这样一段话：在一个多云的晚上，他的一个士兵的刺刀尖头也迸射出过这样的火花。对于勇敢的水手和士兵来说，他们一点儿也不怕电火花。相反，他们认为这是一种好的象征。虽然这并没有任何科学道理。有时，山上的人一样会迸射出电火花，位置一般在他们的头发、帽子或者耳朵等露在外面的部位，而且还会伴有嗡嗡的声音，就像刚才剪刀发出的声音那样。"

"那这种电火花会不会把人烧伤？"

"不会的。其实，这并不是火，而是光，确切地说，是冷光。它的热量非常少，连一根火柴都不如，不会造成任何伤害。我们还可以用火柴来代替剪刀，你看，火柴头周围也有电火花，但是火柴并没有被点燃。"

"火柴看起来似乎在燃烧，你看，有火苗在火柴头上！"

"那你打开灯看看，确认火柴到底有没有烧着。"

打开灯，我仔细检查，火柴根本没有燃烧，甚至都是凉的。那么，就是哥哥说的那样，火柴周围是冷光，不是火苗。

"让灯开着吧，下一个实验需要开着灯做。"

哥哥在房间中间放了一把椅子，他想要把一根木棒只有一个支点地平衡放在椅背上，试了很多次才成功。

"木棒居然可以这样放着不掉，还是这么长的一根。"

"就是因为长，才容易放平衡。要是一根短木棒，如一根铅笔那样的，就很难搞定。"

"嗯，铅笔肯定是不行的。"我回应道。

"下面，我们要开始做实验了。你觉得有没有可能，不碰木棒，而让木棒转起来？"

我思考了一会儿，没有急着回答。

"如果可以在木棒的一头套一个绳环……"

"不能套绳环，任何碰到木棒的东西都不行。再想想还有没有其他方法了？"

"啊，我想到了。"

我把头凑到木棒的一端，然后用力对着木棒吹气，可是木棒纹丝不动。

"怎么样？动起来了吗？"

"并没有，我觉得不可能做到。"

"不可能？来看看我是怎么做的吧。"

还是那张贴在壁炉上的报纸。只见哥哥把报纸从壁炉上拿下来，然后靠近木棒，木棒就像受到了吸引，在报纸距离木棒还有差不多半米远的地方，木棒就向着报纸的方向转动。哥哥挥动着报纸，木棒就像听从指挥一样，跟着报纸的方向左右转动。

"看看，报纸上的电，对木棒的引力很大。因此，木棒会跟着报纸动，直到报纸上的电都传递到周围的空气中为止。"

"如果是夏天，壁炉是冷的，这个实验是不是就做不成了？那样的话，好可惜呀。"

"只要保证报纸是完全干燥的就可以。壁炉的作用就是把报纸烘干。你平时应该也注意到了，因为空气中有水分，所以一般情况下报纸都会有一些潮湿。冬天的时候，有暖气的屋子里面干燥，实验会更容易成功。夏天做的话，可以在刚做过饭的时候。厨房的炉灶，还没有完全冷却，把报纸放在上面烘烤，注意不要把报纸点燃了。把烘得干干的报纸平铺在干燥的桌子上，用刷子刷报纸，也能使它带电。这样的效果，可能不如在冬天的壁炉上好。好了，今天的实验就到这里吧，明天我们再继续新的实验。"

"明天也是电学实验吗？"

"是，而且仪器还是我们的发电机——报纸。送你一本书，里面有描写法国著名的自然科学家索绪尔在山上看到'圣艾尔摩之火'的经历。那是1867年，他和他的同伴们在海拔3 000多米的萨尔勒山上看到的。"

说着，哥哥从书架上拿下来一本书，是弗拉马里翁的《大气》，并指出了下面这些内容让我看：

> 我们爬到山顶后，把包着铁皮的棍子放到了岩石上，正准备吃
> 饭时，索绪尔忽然感到自己的肩上和后背传来一阵阵刺痛，好像被

针扎了一样。后来，索绪尔回忆道：

我以为是我的亚麻披风里有大头针之类的东西扎到我了，所以我把披风脱下来。但疼痛不但没有停止，反而更剧烈了，我的整个肩膀和后背都疼极了。剧烈的刺痛感，伴随着痒一起传来，就好像皮肤上有很多黄蜂在爬，在不停地用它们的蜂针扎我。我又把里面的衣服脱了，仍然没有找到任何扎人的物体，只是疼痛却不断在加剧，背上甚至出现了灼伤的感觉。接着，我发现我的毛背心烧着了，我正准备脱掉它时，突然听到一阵嗡嗡的响声。我很快找到了声音的来源——是放在岩石上的棍子上发出的。那声音就像是水被加热马上沸腾时的一样。所有这一切大概持续了五分钟的时间。

那时我才明白，疼痛是山上的电流造成的，如果不是因为处于白天，恐怕我们都能看到棍子上的电光了。我们拿了棍子，但不管我们怎么放，无论让铁皮头朝上还是向下，又或者是横着拿着它，棍子都一直发出同样刺耳的声音。最后，当我们把它放在地面上时，它才最终停止了声响。

几分钟后，我发现我的头发和长长的胡子都翘了起来，那感觉就像是有人在用干燥的剃须刀在给我刮脸一样。一位年轻同伴的小胡子也翘了起来，他的耳朵上也发出了强烈的电流，吓得他大叫起来。我把手举起来时，可以看到电流从手指上射了出来，与此同时，衣服、耳朵、头发……身上能看到的地方都可以看到电流在向外迸射。

我们立刻离开了山顶，往下爬了大约 100 米，棍子发出的声音终于减小了；而且越往下走，声音也就越弱了，到后来，声音已经轻得只有把耳朵贴在上面才能听到。

上面的一切都是索绪尔的亲身经历。此外，书中也介绍了其他人与"圣艾尔摩之火"相关的经历。

在多云的天气里，如果云朵离山顶很近，山顶凸起的岩石可能也会发出电流。

1863年10月的一天，霍特科姆和几个游客准备攀登瑞士的少女峰。早晨出发时，天气本来很好，但当他们快爬到山顶时，却突然刮起了一阵大风，夹裹着冰雹盘旋而来。一声巨大的雷鸣过后，霍特科姆听到手上的棍子上发出了一阵阵嗞嗞声。与此同时，他们发现携带的杆尺和斧头也都发出了同样的声音，一行人不得不都停了下来。

声响持续不断，后来，当他们把棍子和斧头插入地面，声音才终于停了下来。一个游客把帽子摘下来，突然感觉头发被烧着了，吓得他大叫起来——他的头发一看就是带了电，一根根地竖了起来。霍特科姆的头发也都直直地竖了起来；手一动，手指的顶端就会发出电流通过的嗞嗞声。其他的所有人也都感觉到了来自脸上和身上其他部位的刺痛感。

3 跳舞的纸人—纸条蛇—直立的头发

哥哥是个说话算话的人。第二天，夜幕降临之后，哥哥又开始做实验了。还是需要先准备带电的报纸，跟上一个实验一样，把报纸贴在壁炉上，用刷子刷几下。然后他要我找一张比报纸厚的作业纸，用作业纸剪出了很多滑稽、有趣的不同姿态的小人。

"一会儿可以让这些小人都跳起舞来。找些大头针给我！"

哥哥在小纸人的脚上都钉上了大头针。

"大头针的作用是为了不让纸人飘走，或者被报纸带走……"哥哥一边说着，一边把小纸人放在托盘上，"表演开始！"

哥哥从壁炉上把报纸拿下来，双手水平托着报纸，小心翼翼地移动到放着纸人的托盘的上方。

"开始！"哥哥命令道。

一声令下，纸人服从命令似的乖乖地站立起来了。哥哥移动着报纸，一会儿近，一会儿远；一会儿左移，一会儿右移，小人们也听话地倒下、站起，忽左、忽右（图38）。

图 38

"快看，要不是脚上有大头针增加重量，它们就会被报纸带走了！"

说着，哥哥把几个小人脚上的大头针取下来。果然，小人就粘到了报纸上。

"你看，它们粘到了报纸上，晃动报纸也不会掉下来。这是因为电流的引力作用。现在，我们再来做一个电流斥力作用的实验。呃，剪刀放在哪里了？"

我把剪刀给哥哥递过去。哥哥又把报纸"贴"回壁炉上。然后，在报纸的一端剪出一根根的细长纸条，注意纸条还连在报纸上，不要剪断了。剪过之后的纸条，仍然粘在壁炉上，并没有滑下来（图 39）。

图 39

哥哥先用刷子沿着纸条刷几下，然后再从壁炉上取下来，一手捏着报纸没有剪断的那端。纸条并没有整齐地下垂，而是像炸开了一样，彼此排斥（图 40）。

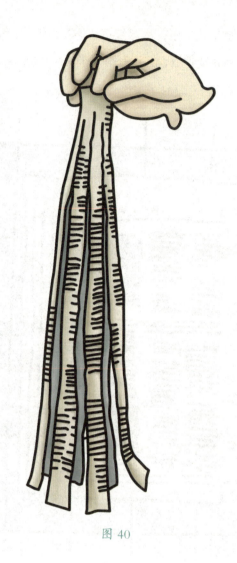

图 40

　　哥哥说:"因为纸条上带的电相同,所以相互排斥。如果用不带电的物体靠近,就会受到引力。比如,把你的手钻进纸条里,纸条就会粘在手上。"

　　我弯着腰,想把手伸到炸开的纸条中间,但是纸条就像蛇一样一瞬间就缠在了我的手上。

　　"你不害怕这些'蛇'吗?"

　　"它们是纸,这有什么好怕的?"

"当然可怕了，你看。"

说着，哥哥把纸条举到了自己的头顶。一瞬间，他的头发都直直地竖立了起来。

"这也是实验？"

"是的，这就是我们今天做的实验。纸条上的电传递给了头发，头发带上了相同的电，所以相互排斥。你对着镜子，把纸条放在你的头顶上，看看你的头发怎么样了。"

"这样做不会疼吧？"

"当然不会。"

我试了试，在镜子里，我看到自己的头发一根根竖立了起来，果然一点也不疼。

我又做了一次今天晚上的实验才算结束了今天的"演出"（这是哥哥对我们实验的叫法）。哥哥答应我，明天还有新的实验。

4 小闪电—弯曲的水流—大力士吹气

接下来的实验也是在晚上做的。实验之前哥哥先做了一些准备工作：准备了 3 个水杯和 1 个托盘，并放在壁炉边烘干。哥哥先把杯子放在桌子上，再把托盘盖在水杯上。

"为什么这样放呢？不是应该把托盘放在杯子下面吗？"我好奇地问道。

"一会儿你就知道了。今天我们要做的实验是小闪电。"哥哥一边说，一边制作"发电机"，还是用一张报纸在壁炉上烘干，摩擦起电。过了一会儿，哥哥把报纸对折，再次放到壁炉上用刷子摩擦起电。然后，哥哥把报纸从壁炉上拿开，铺在托盘上。

"来，你过来摸一下托盘，看看凉不凉。"

我没有多想，直接把手伸向了托盘。一瞬间，一股又疼又痒的感觉从手指传来，我赶紧缩回了手。

我吓了一跳，耳边却传来哥哥的笑声，他说："哈哈，你是被闪电击中了。仔细听的话，还能听到小闪电的噼啪声。听到了吗？"

"我只觉得手指疼，并没有看到闪电。"

"因为我们开着灯。等我们把灯关了，再做一次，你就能看到了。"

"再做一次？可是我不想再碰托盘了。"

"不一定必须用手的。用钥匙或汤匙也可以激发出火花，而且不会觉得疼。还是我先来做吧，让你先开开眼。"

哥哥把灯关了。

"看好了，闪电要出现了。"一片漆黑中传来了哥哥的声音。

在托盘和钥匙之间，有半根火柴那么长的蓝白色火花，伴着噼啪声在跳动（图 41）。

图 41

"看到闪电和听到雷声了吗？"哥哥问道。

"刚看到的火花和听到的声音是同时发生的。但是，实际中，听到雷声总是比看到闪电要慢。"

"你说得没错，现实中，我们总是先看到闪电，接着才能听到雷声。其实，它们是同时出现的，跟我们实验里的情景是一样的。"

"可为什么雷声听起来要慢一些呢？"

"光的传播速度很快，一瞬间可以到达很远的地方。而声音的传播速度就要慢一些。闪电是光，而雷是声音。所以，必然是先看到闪电，再听到雷声。"

此时，我的眼睛已经适应了黑暗。哥哥将手中的钥匙给我，又把报纸拿开了。哥哥让我把"闪电"从托盘中引出来。

"没有报纸的话，也会有火花吗？"我问道。

"你试试呗。事实说明一切。"

我用钥匙靠近托盘，还没有碰到托盘，就看到明亮而悠长的火花。

哥哥又把报纸放回托盘上，我又从托盘边缘引出了火花。但这次明显弱了些。

就这样，哥哥反反复复几次，把报纸铺在托盘上，又拿走，当然，中间没有再在壁炉上给报纸摩擦起电，每一次都引出了电火花，只是一次比一次弱。

"如果我用丝线或者绸条来做这个实验，火花持续的时间会更久。等你以后学了物理，便会明白其中的道理，所以现在你只需用眼睛观察，不需要用脑子思考为什么。"哥哥对我说道，"接下来，我们做下一个实验，要用水流做，我们可以在厨房的水龙头边做。报纸就先在壁炉上烘着吧。"

我们来到了厨房，哥哥拧开了水龙头，水流击打在水池底部，发出清脆的响声。

哥哥说："我能改变水的流向。你想让水流往哪边流？左边、右边，还是前面？"

"左边。"我没有仔细想就随口说道。

"好。你站在这等着，我去拿报纸。"

哥哥拿着报纸回来了。为了使报纸上的电尽量少流失，他把报纸举在身体前面，尽量远离身体。哥哥把报纸靠近水流左边，就看到水流向左弯曲。哥哥把报纸靠近水流右边，水流就向右弯曲。当然，把报纸放在水流前面，水流向前弯曲，甚至水都溅出了水池子。

"你知道这样的电流引力其实是很大的吧。即使没有壁炉或炉灶，这个实验也可以做。用常见的橡胶梳子就可以。"说着，哥哥从口袋里拿出一把梳子，在自己的头发上梳了梳，"这样梳子上就带电了。"

"但是头发上是没有电的呀！"

"这是自然，大家的头发都不带电，我的也不例外。用毛刷摩擦报纸会起电，用橡胶摩擦头发也会起电①。你看。"

哥哥把刚才梳过头发的梳子靠近水流，水流明显弯曲了。

"接下来我们再做一个实验。这次还要用我们的'发电机'，不能用梳子，因为梳子上的电太少了。这个实验其实不是电学实验，而是大气压实验，类似把尺子折断的那个实验。"

我们离开厨房，回到了房间。哥哥把报纸剪成一个小袋子。

"放着等胶水干吧。我们去找几本又厚又重的书。"

我从书架上拿下来 3 本大部头的医学书籍，放到桌子上。

"你觉得你能用嘴巴把纸袋吹起来吗？"哥哥问道。

"当然可以了。"我自信地回答道。

"如果我在纸袋上压上几本书呢？"

"这么重的书。这样的话，似乎做不到。"

哥哥没有再说什么。他先把纸袋放在桌子上，然后拿着一本书压在纸袋上面，接着又拿了一本书竖着放在第一本书上（图42）。

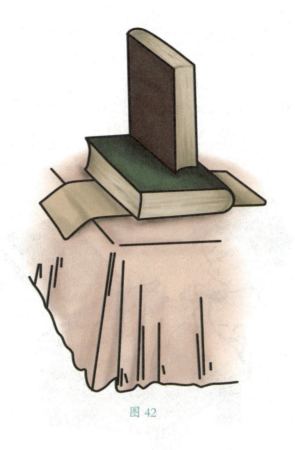

图 42

"看好了，我可以把纸袋吹起来。"

"你是准备先把书吹跑吧？"我打趣地说道。

"没错，就是这个意思。"

哥哥开始往纸袋里吹气。我睁大眼睛看着纸袋渐渐地鼓起来，下面的书倾斜，上面的书被掀翻了（图43）。

实验结果出乎我的意料。我还没反应过来，哥哥准备了3本书，打算再做一次这个实验。哥哥简直是大力士，他朝袋子里吹气，掀翻了3本书。

然后，我也试了试，发现我也可以轻易做到。并不需要很多的肺活量，或者很有力的肌肉。然后，哥哥跟我解释了实验原理。纸袋之所以会鼓起来，是因为我们往纸袋里吹的空气压力比外界大气压大。外界空气的压强大约是每平方厘米 1 千克。假设纸袋内外压强差是 $\frac{1}{10}$，即每平方厘米 0.1 千克，大概算一下书跟纸袋的接触面积，然后推断出纸袋内的空气对纸袋产生的总压力约为 10 千克。这个力量足以把书掀翻了。

至此，用报纸做的实验就全部结束了。

图 43

注　释

①摩擦不仅可以生电，甚至还可以制成发电机，纳米发电机就是一类基于摩擦起电和静电感应的耦合，将机械能转换成电能的发电机。目前该项技术还在完善阶段，如果能成功应用到现实生活中，那么此项技术将开辟能源转化和应用的新范畴。到时候，我们可能只要摩擦几下手机，就能给手机充电了。

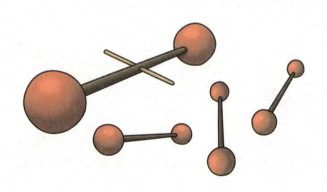

1 怎样用不精确的天平称重

你有没有思考过，是精确的天平重要，还是精确的砝码更重要？你是不是想当然地觉得精确的天平重要。事实上，更重要的是精确的砝码。如果砝码不准，无论如何都不可能准确称出物品的重量。但是，如果天平不精确，想要准确称重也不是不可能的事。

伟大的化学家德·伊·门捷列夫就想出了一个好办法，可以用不准的天平准确称出物品的重量。

用杠杆和杯子，制作一个天平。制作完成之后，需要试试天平的精确性。

首先，在天平一端的杯子里面放一个比你要称量的物品重的物品；在另一个杯子里面加砝码，直到天平平衡。

然后，把杯子里面的物品换成你要称重的物品。此时，天平一定是倾斜的。因为装有砝码的一端重。如果想要天平平衡，就需要拿出来一部分的砝码。剩余的砝码重量就等于要称量的物品的重量。这里面的道理很简单，因为物品和砝码对杯子产生的作用力相等，所以，物品与剩余的砝码重量相等，而拿走的砝码就是两件物品的重量差了。

2 在称重台上下蹲

站在称重台上，做向下蹲的动作的瞬间，称重台是向上运动，还是向下运动呢？

答案毫无疑问：向上。原因是，当我们下蹲的时候，肌肉会把我们的上半身往下拉，同时，把我们的下半身往上拉。这样的话，我们的身体对称重台产生的压力就减少了。所以，称重台就会被抬起些，也就是向上运动。

3 举重与滑轮拉重

假如一个人能举起 100 千克的重物。如果他为了举起更重的东西，而使用滑轮。用一根绳子，一端捆着重物，另一端穿过固定在高处的滑轮。那么，使用滑轮之后，他能举起的重量究竟是多少呢？

事实上，使用定滑轮拉起的物品重量，根本不会大于我们空手就能举起的重量，甚至会更小。原因是，定滑轮能举起的物品重量，不会超过拉滑轮的人的体重。如果一个人的体重小于 100 千克，通过定滑轮也不可能举起100 千克的重物。

4 重力与压力

你能分得清楚重力和压力吗？很多人都容易把它们弄混淆了。当物体的重量很大的时候，它的压力可能会很小。当物体的重量不是很大的时候，它产生的压力也可能会很大。

下面，我们用一个简单的例子帮助大家区分一下重力和压力。同时，教会大家怎样计算物体在支撑物上产生的压力。

假如有两个耙子，一把有 20 个耙齿，连重物一共 60 千克；另一把有 60个耙齿，连重物一共 120 千克。

你觉得用哪一种耙子，耙地更深？

可能很多人都会以为重的那把会耙得深些。我们来做个计算就知道正确答案了。

第一个耙子重 60 千克，把重量分摊到 20 个耙齿上，每个耙齿承受的压力是 3 千克。第二个耙子重 120 千克，分摊到 60 个耙齿上，每个耙齿的压力是 2 千克。也就是说，尽管第二个耙子的重量大，但是分摊到每个耙齿上的压力，并没有第一个耙子的大，当然也就是第一个耙子的耙地程度要更深。

5 | 酸白菜桶的压力

下面，我们再举一个压力计算的例子。准备两个木桶，在里面装上酸白菜，分别用原木盖子盖上木桶的口，然后在盖子上面分别放上一块石头。第一个盖子直径是 24 厘米，石头的重量是 10 千克；第二个盖子的直径是 32 厘米，石头的重量是 16 千克。计算一下，哪个木桶受到的压强大？

第一个木桶，盖子的面积是 $3.14 \times 12 \times 12 \approx 452$ 平方厘米，石头 10 千克的重量分摊到 452 平方厘米上，每平方厘米大约是 22 克。

第二个木桶，盖子的面积是 $3.14 \times 16 \times 16 \approx 804$ 平方厘米，石头 16 千克的重量分摊到 804 平方厘米上，每平方厘米大约是 20 克。

显然是每平方厘米承受压力大的木桶压强大。

所以，第一个木桶受到的压强大。

6 | 马和拖拉机的压力

很多小朋友应该都见过，人和马走在松软的地面上，会陷进去，而笨重的履带拖拉机却能够在那上面平稳地行驶，你有没有觉得很困惑：笨重的履带拖拉机可是要比人或马重得多呢，为什么重的东西不会陷进去，而轻的却陷进去了呢？

要想弄明白这里面的原因，首先需要先温习一下重力和压力的区别。

单位面积上受力大的物体，陷入的深度大。履带拖拉机虽然很重，但是履带的表面积大，重力平均到单位面积上的压力并没有很大，大约有几百克。同样的道理，马的重量虽然不算重，但是马蹄的面积很小，重力平均到单位面积上的压力就不会小，超过 1 千克，大约是拖拉机单位面积上压力的 10 倍。这样就可以解释，为什么履带拖拉机能够平稳运行，而人或马却会陷入松软的泥土中。

为了让马能够在松软的土路上平稳奔驰，人们会给马蹄套上宽大的蹄板。这样，就增大了马蹄的支撑面积，马就不至于陷得太深。

7 爬过冰面

如果水面的冰不是很厚实，但是仍然需要通过冰面过河，要怎么办呢？有经验的人不会像往常一样用双脚在上面走，而是爬着过河。这是为什么呢？

因为这样可以增大接触面积，重量是一定的，所以，单位面积上承受的压力就会减小。也就是说，压强减小了。

现在，你应该理解，为什么有经验的人，要在薄冰上爬行了吧。就是为了减小压强。当然，如果躺在一块大木板上划过去，也是可以的。

那么，冰到底能够承受多大的压力？这当然与冰的厚度有关系。一个正常体重的成年人要想安全行走在冰上，冰层大约需要厚 4 厘米。如果想要在河面或湖面上滑冰，冰层需要厚 10~12 厘米。

8 绳子会从哪里断开

如图 44 所示，制作一个装置。准备一根木棒，一根绳子，一本重一点的书，一把尺子。先把木棒固定在门框上面，再把绳子的一头系在木棒上，然后在绳子的中间系上准备好的书，最后在绳子的另外一头系一把尺子。装置制作完成了。此时，如果用力往下拉尺子，绳子会从哪里断开？是在书上面，还是在书下面？

图 44

答案是，都有可能。这跟你拉绳子的方式有关系。如果拉绳子的速度比较慢，那么，就会从上面断开；如果你拉绳子的速度比较快，那么，就会从下面断开。

原因是：当你拉绳子的速度比较慢的时候，绳子的下端只受到手的拉力，而绳子的上端既受到书的重力，又受到手的拉力，自然上端比下端更容易断。但是，当你快速去拉绳子的时候，手的拉力还来不及传递给绳子上端，所有的拉力都由下端的绳子来承受，因此，下端就断开了。这种情况下，就算是下端的绳子比上端的粗一些，结果也是一样的。

9 被扯破的纸条

今天我们要用纸条做一个有趣的实验。首先准备一张纸条，如图45所示：长度大概有手掌那么长，大约一根手指那么宽，在纸条上剪出两个口子。你猜，如果从两头用力扯纸条，纸条会从哪里断开？

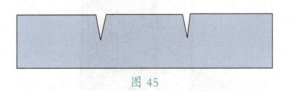

图 45

肯定是在有口子的地方断开。一般情况下，大家都会这么觉得。

会断成几段呢？

大家很有可能会回答，三段。

下面，我们通过实验验证一下，看你的猜想对不对。

结果一定是出人意料的。答案是，纸条断成了两段。

结果跟纸条的形状，甚至口子的深浅，都没有关系。纸条只会断成两段，从最细，也就是可承受力最小的地方断开。就像大家都知道的那样："哪里最细，哪里就断。"因为我们不可能把两个口子剪得一模一样，难免会有深有浅。口子最深的地方就是可承受力最小的地方，也就是断开的地方。

今天这个实验虽然很小，却涉及了一个非常重要的领域——物体的阻力。

⑩ 砸不坏的火柴盒

思考一个问题：如果用力挥动拳头去砸一个空的火柴盒，火柴盒会怎样？

如果没有做过或者听过这个实验的人，一定会回答，火柴盒会被砸坏。而做过这个实验之后，你就会知道，火柴盒会好好的。

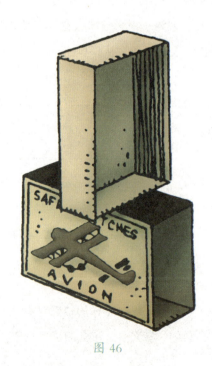

图 46

实验的做法很简单。首先，把火柴盒的盒套和内屉取出来，按图46所示摆放好。然后挥动着拳头，又快又猛地砸向火柴盒。你会发现，哪怕把火柴盒砸飞了，捡起来仔细观察，无论外盒子还是内屉还都是好好的，可能会有点变形，但还不至于被弄坏。

这是怎么回事儿呢？原来，拳头砸过去的瞬间，火柴盒产生了很大的弹力，就是这个弹力保护了火柴盒。

汽车的安全气囊大家都很熟悉了，它所利用的也是弹力的作用：当汽车受到撞击时，气囊会充满气体，接触到人体后，气囊又开始排气，吸收冲击能量，进而使人免于受伤或减轻伤害程度。现代汽车的安全气囊不仅数量增加了，在材料、点火器、传感器技术等方面都在不断地发展进步。

11 把火柴盒吹向自己

如果要让你把一个空火柴盒吹向远处，你肯定会觉得很简单，一点难不到你。那么反过来，让你把空火柴盒吹向自己，并且越吹越近，你能不能做到呢？注意，这里并不能把头勾过去从火柴盒的后面往自己的方向吹。

你是不是觉得不可能做到？也有人想试试用吸气的方式，这样当然是不能成功的。

其实，要做这到一点也并不难：首先将手掌放在火柴盒的后面，然后对着手掌吹气。气流碰到手掌后就会被反射回来，反射回来的气流作用在火柴盒上，推动着火柴盒越来越近。

做这个实验的时候，有一点需要注意，就是桌子一定要足够光滑，而且不能铺桌布。

12 调整挂钟快慢

你有没有见过挂钟？就是那种挂在墙上、带钟摆的钟。思考一下，如果挂钟走慢了，要怎么调整钟摆，才可以使挂钟正常工作呢？如果挂钟走快了，又应该怎么调整呢？

钟摆的长度越短，摆动的速度就越快。我们用系重物的绳子做个实验，就能验证这个道理。据此，我们就能知道调整挂钟的方法：如果挂钟走慢了，就要抬高钟摆轴上的垫片，使钟摆的长度稍微缩短；如果挂钟走快了，就要增加钟摆的长度。

13 平衡杆会怎么停

如图 47 所示，准备一根木棒和两个重量相同的小球。把小球固定在木棒的两端。从木棒的正中间穿一个小孔，用一根小木条穿过小孔。手拿小木条，然后拨动木棒，让木棒以小木条为轴旋转，那么，问题来了，木棒会停在什么位置？

有些人误以为，木棒只会在竖直的方向上停下来。事实上，木棒可以在任何位置（竖直方向、水平方向或者倾斜的方向）保持平衡（图 47），因为它的重心在支点上。任何物体，如果通过它的重心将它托住或者悬挂起来，这个物体在任何状态下都可以保持平衡。

所以，不可能预先判断出木棒会停在什么位置。

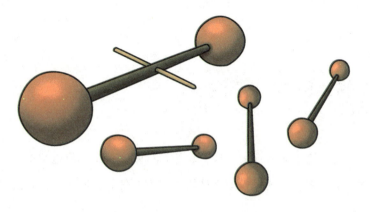

图 47

14 在行驶的火车车厢里往上跳

假设一个情景:火车以 36 千米 / 小时的速度行驶。你站在这辆火车车厢里往上跳,假设你在空中停留的时间是 1 秒(当然,现实中这很难做到,因为那样的话你得跳一米多高)。当你落地时,你会站在哪里?

是跳起来的地方,还是其他的地方? 如果是其他的地方,那么是向前了,还是向后了?

答案是,会落在跳起来的原地。你是不是还误以为,车厢在往前运动,在你跳起来的时候,会把你甩在后面? 事实上,车厢确实在往前,但是由于惯性的作用,你也能跟着一起往前,而且你的行进速度等于车厢的行进速度。你总是会刚好落在起跳的地方。

15 轮船上的抛球游戏

两个人站在轮船的甲板上玩球，轮船在行驶，一个人靠近船头，一个人靠近船尾。哪个人能够更轻松地把球抛给对方？是靠近船头的人，还是靠近船尾的人？

你是不是觉得靠近船头的人会远离球，而靠近船尾的人是向着球移动的，所以船尾的人接球会更容易？

事实上，如果轮船做的是匀速直线运动，那么两个人是一样轻松的，这跟在静止的轮船上相同。由于惯性作用，球和轮船具有相同的速度。轮船的速度会传递给玩球的人，也会传递给飞行的球。所以，由于轮船的运动（匀速直线），哪个人都占不到便宜。

16 热气球吊篮里的旗帜

假如，热气球在风的作用下，往北边飘，那么，热气球吊篮上的旗帜会飘向哪个方向呢？

气球在气流的作用下飘动，气球的运动方向和运动速度跟周围的气流一致。因此，气球上的旗帜不会受到气流的作用力。所以，旗帜向下垂着，跟没有风的情况下一样。

17 爬出热气球

假设热气球静止在空气中，有一个人顺着绳子从吊篮里往外爬。

此时，气球会怎么样运动，是向上还是向下？

答案是向下。因为人在向上爬，会对气球产生一个方向相反的作用力，也就是向下的力。因此，气球会向下运动。这个道理跟人在静止在水面上的船上走路，人往前走，船会往后走，是一样的。

18 走路和跑步的区别

你有没有想过，跑和走的区别到底是什么？

肯定不是速度，因为，有时候，跑步比走路还慢呢，甚至还有原地跑。

区别是：走路的时候，身体总是通过脚掌与地面有接触；而跑步的时候，身体则可能完全离开地面。

19 自动保持平衡的木棒

如图 48 所示，首先准备一根平滑的木棒，然后伸出两根食指放在桌子上，把木棒的两头分别放在食指上。接着两个食指慢慢向中间靠拢，直到完全并在一起。你猜，这个时候木棒会不会掉下来？答案是，木棒并没有掉下来，而是仍然保持平衡状态。这个结果跟手指的位置没有关系，我们可以换换手指的位置，多试几次，结果都是一样的。也可以用其他东西代替木棒，如尺子、带把的手杖、桌球棒、地板刷子等，结果也是一样的。

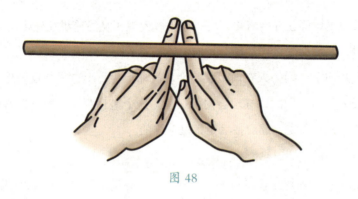

图 48

这是为什么呢？

我们都知道，如果支撑物刚好在物体重心的垂线处，那么物体就会保持平衡。手指靠近的时候，木棒可以保持平衡，说明木棒重心的垂线刚好在手指上。

当食指分开的时候，靠近物体重心的手指会承受物体大部分的重量。压力越大产生的摩擦力也越大，所以，靠近物体重心的手指受到的摩擦力更大，想要移动就困难得多。只有远离重心的手指能够移动，可是在这根手指移动的过程中，就会更加靠近重心，在某一个时刻，两根手指的角色就互换了。这样的过程要重复多次，直至两根手指完全贴紧。由于每次都只有远离重心的那一根手指能够移动，最后只有一种结果，两根手指刚好在木棒重心的下面贴紧在一起了。

我们还可以把木棒换成地板刷，如图 49 所示。想一想：如果在手指最后挨在一起的地方，把地板刷折成两段。你觉得，哪段会更重些？是把手端，还是刷子端？

你是不是觉得，如果能保持平衡，那么重量应该也是相等的。放到天平上，天平也是平衡的。其实，应该是带刷子的一端重些。

原因是，力臂不同。在手指上保持平衡时，两端的力臂不同；在天平上，力臂相等，所以不会平衡。

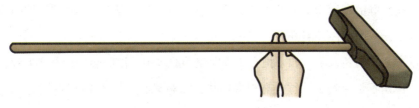

图 49

20　河上的木片

有一艘船漂在河面上，船的旁边漂着一块木片。思考一下，桨手是把木片往前划 10 米容易呢？还是往后划 10 米容易？

这个问题很多人都会答错，甚至有些从事水上运动的人也不能回答正确。一般大家都会想当然地认为，往前划比往后划容易些。

换一个情景，假如是想要把船靠岸，顺流当然就比逆流容易些。但是，我们现在假设的情景是船在水面上，跟着水一起漂流。

我们都知道，船在顺水漂流的时候，船与河水是相对静止的。此时桨手划船的感觉跟他在静止的湖泊上时是一样的。无论桨手往哪个方向划船，用力都是一样的。

因此，答案是向前和向后用力是一样的。

21 水面上的波纹

向平静的湖面上丢一块石头，水面会出现波纹，从石头与水面接触的地方开始，一圈圈往外展开。

那么，问题来了，如果把石头丢向流动的水中，波纹会是什么样的呢？

你是不是想到了波纹会有很多形状，如椭圆形，甚至不规则的长圆形。其实，事实很简单，不管水流是静止的还是湍急的，波纹始终是圆形的，而不会出现其他形状。

想要弄明白其中的道理，我们需要先做力的分解。河水的运动可以分解成两部分，一是从中心向周围的辐射状运动，一个是河水流向的运动。

首先分析河水静止的情况，这种情况下，波纹当然是圆的，大家都不会对此有疑问。

接下来，我们分析河水流动的情况。波纹随着河水流动，在河水的流动方向上，波纹和水流速度相等。因此，波纹会随着水流改变位置，但是形状仍是圆的。

22 蜡烛火苗的方向

点燃一根蜡烛，拿着它从房间的一头走到另一头。在走路的过程中，会发现火苗向后歪。如果把蜡烛放在封闭的空间中，如灯笼中，那么火苗会怎样倾斜呢？

如果手提着灯笼匀速地转圈，那么火苗又会怎样倾斜呢？

你的第一反应是不是觉得放在灯笼中的蜡烛，火苗不会倾斜？

如果你认为，把蜡烛放在封闭的灯笼里移动，烛苗一点也不会倾斜，那你就错了。我们可以点燃火柴来做一个实验：

用手护着火苗，同时移动火柴，你觉得火苗是向前倾斜还是向后倾斜？答案是向前倾斜。有没有出乎你的意料？原因是，火苗的密度比周围空气的密度要小。密度小的物体，在同样的作用力下，运动速度更快。因此，向前移动的时候，火苗会向前倾斜。抡着灯笼做圆周运动的时候，火苗会向内倾斜。

我们换一个场景帮助大家理解。把含有水银和水的小球放进离心机里旋转，水银会被甩向更远处，假设从离心轴向外的方向是下方，那么水就在水银的上面。

因为烛苗比周围的空气轻，在灯笼旋转的时候，从指向旋转轴的方向上望去，觉得烛苗好像浮在空气上。

23 绳子中间总是下垂的

用多大的力气拉着绳子，才能使绳子的中部不向下垂？

事实上，不管怎样用力拉着绳子，绳子的中部都是向下垂的。原因是，拉力的方向是在水平方向上，而绳子中部向下垂是因为重力的作用，重力是在竖直方向上的。力的方向不同，不管怎样都不会抵消，即绳子受到的合力不可能为零。

除非绳子是垂直的，否则，不可能完全被拉直，绳子的中部一定会下垂。当然，用力拉绳子，可以使向下垂的程度尽可能小，但一定不会为零。

吊床不可能被完全拉平，也是同样的道理。可以让一个人躺到床垫上，然后用力拉紧床垫，因为人的重力作用，床垫一定是下垂的。如果是吊床的话，下垂会更明显，人躺上去，就像是挂了个睡袋。

24 瓶子往哪个方向扔更安全

假如你坐在行驶着的车中，从窗口往外扔瓶子，往哪个方向丢，瓶子落地时更安全？

我们知道，如果人从行驶着的车中跳出去，顺着车行驶的方向跳，比逆着跳要安全。那么，是不是可以依此类推，判定顺着行驶的方向扔出瓶子会更安全呢？事实并非如此。答案是：应该逆着行驶方向扔瓶子。

因为，此时投掷的运动使得瓶子有了一定的速度，可以抵消部分瓶子跟随行驶车厢的惯性。所以，瓶子落地时的速度变慢。反之，如果顺着行驶方向扔瓶子，惯性和瓶子的速度叠加，瓶子落地的速度更快，瓶子落地受到的冲击就更大。

人从车厢往外跳，与上述原理是不一样的。人往前跳比往后跳安全，受伤的风险更小。

25 浮着的软木塞

准备一个装有水的玻璃瓶，然后找一个刚好可以从瓶口放进去的软木塞。把软木塞丢进玻璃瓶，然后把瓶子里的水倒出来。你会发现，不管怎样倒，在水倒完之前，软木塞都不会出来。软木塞会随着最后一部分水出来。这是为什么呢？

原因是，软木塞的密度比水小。软木塞总是浮在水面上的。在水将要被倒尽的时候，软木塞才有可能出现在下面，也就是瓶口处。因此，软木塞只会随着最后一部分水出来。

26 汛期和枯水期

春汛的时候，河水的水面跟平时会不一样。平时是下凹的——中间水面比岸边水面低，而汛期河面是凸的——岸边水面比中间水面低。

为什么会这样呢？

原因是，两岸有摩擦力，因此，中间的河水速度总是比两岸的快。汛期的时候，河水量增加，中间增加的速度比两岸快，所以中间凸起。枯水期的时候，河水量减少，中间减少的速度比两岸快，所以中间凹下去了。

27 液体会产生向上的作用力

我们都知道，液体会产生向下的作用力，会对容器的底部、侧面、内壁产生压力。但是，你有没有想过，液体也会产生向上的作用力？

我们可以用煤油灯的玻璃管做个实验，来帮助我们确定这种压力的存在。首先用硬纸板剪一个小圆片，圆片的大小要正好盖住玻璃管的管口。然后，把小圆片贴在玻璃管的一端，将其浸入水中。为了避免圆片浸入水中后会掉落，可事先用一根细线穿过圆片中心，在上方拉住，或者直接用手指按住纸片放入水中。当把玻璃管浸入到一定深度时，你会发现，即使不用拉住细线或不用手指压住，圆片也能自己紧贴在玻璃管上——这是水对圆片产生了向上的作用力。你甚至能够测量这一作用力的大小。慢慢地将水倒入玻璃管，你会发现，只要玻璃管内的水位与外面容器里的水位持平后，圆片就会掉落（图50）。

图 50

　　这说明，水对圆片向上的作用力等于水柱对它向下的作用力，而这段水柱的高度正好等于圆片浸入水中的深度。这就是液体对浸入其中的物体会产生压力的大小。而这正是造成物体在液体中"丢失"重量的原因所在，这也就是著名的阿基米德定律。

　　如果你有几根不同形状但管口大小相同的玻璃管，你还可以检验另一个有关液体的物理定律，这就是液体对容器底部的压力，只取决于容器的底面积和液面的高度，而与容器的形状无关。你可以用不同的玻璃管进行上述实验，使它们浸入水中相同的深度（可事先在玻璃管的相同高度上分别贴上纸条），你会发现每次纸片掉落时，管内的水位高度都是相同的（图51）。这说明，如果水柱的成分和高度相同，不同形状的水柱所产生的压力是相同的。

图 51

28 哪边更重

　　如果在天平的两端分别挂两个同样大小、装满水的木桶，然后在一端的木桶中放一块木头。天平会往哪边倾斜？

　　关于这个问题，每个人的回答都不一样。有些人认为，有木头的一端更重，因为除了水还有木头；另有一些人认为，没有木头的一端更重，因为水比木头重。

　　事实上，两端一样重。因为木块会排除部分水，所以有木块的水桶中的水少。根据浮力定律，木块排开水的重量恰好等于木块的重量。因此，两端的重量相等。

29 竹篮打水

在童话中，我们听说过竹篮打水。你是不是觉得这很不可思议？其实，在现实生活中，我们可以用物理知识实现。首先，需要准备一个直径15厘米的筛子，筛子的孔眼不要太大，大概1毫米。然后，把筛子浸入熔化的石蜡中。拿出来之后，筛子的孔眼上就覆上了一层薄膜。

筛子看上去还是筛子，因为上面仍然有很多小孔，大头针能够自由通过。不过，这个筛子确实可以用来打水了。在里面倒一些水，水并不会漏出来。需要注意的是，往里面倒水的时候，要小心些，不能与其他物品发生剧烈碰撞。

为什么水可以留在筛子里而不会漏下去？因为当水遇到筛眼处的石蜡时，会在石蜡表面形成向下凸的薄膜，正是这层薄膜使得水不会往下落（图52）。

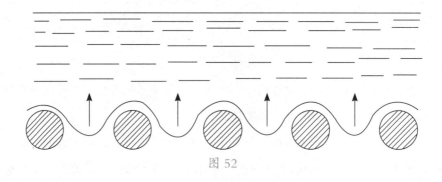

图52

浸过石蜡的筛子还可以浮在水面。生活中很多现象都可以用这个实验来解释。例如，在水桶和船的表面上涂上树脂、在软木塞和木栓上涂上润滑油等。这样，经过油脂涂抹的物体就具备了不透水性。

30 肥皂泡

你一定玩过吹泡泡的游戏吧？你知道把肥皂泡吹得又大又漂亮的秘诀是什么吗？这可不是一件简单的事，需要多加练习才能做到。

很多人对这件事情的兴趣并不是很高，甚至会认为，这么小的事情值得做吗？但伟大的科学家达尔文却不这么认为，他曾经说过："哪怕是一个肥皂泡，你也可以穷尽一生去研究它，也能从中不断地学到新的物理知识。"

你可能也发现了，肥皂泡上面有五颜六色的色彩。物理学家能够利用这些色彩测量光波的长度;还可以通过薄膜的表面张力研究微粒间的相互作用力。如果没有连接微粒的相互作用力，这个世界会变得只剩下灰尘这一种东西。

英国的物理学家波易斯写了一本书《肥皂泡》，里面详细记录了肥皂泡的各种实验。下面我们就给大家简单介绍一些吹肥皂泡的有趣的方法。

用普通的黄色洗衣皂①就可以吹出泡泡。但是用纯橄榄皂或杏仁皂吹出来的泡泡，会比合成皂吹出来的更大更好看。

溶化肥皂的水也需要费点心思，需要用干净的凉水，普通的水煮开之后再冰镇一下也可以，最好的是雪水或雨水。

如果想要肥皂泡维持的时间久些，可以加入 $\frac{1}{3}$（体积比）的甘油。

把肥皂水表面的薄膜和泡沫去掉，然后在肥皂水中插入一根细长的抹有肥皂水的陶瓷管，用长度大约 10 厘米的稻草秆，把底部剪成十字形，也可以吹出泡泡。

吹的过程也是有诀窍的:在管上蘸些肥皂水，使管口周围形成一层薄膜，然后小心地吹气。这时，我们吹出的空气会填充在肥皂泡中，它比房间中的空气要轻，所以肥皂泡就自己向上隆起了。

如果你一次就能吹出直径 10 厘米的泡泡，说明调配的肥皂水很成功。如果不行，可以再调整一下肥皂水的浓度。手上蘸上些肥皂液，去戳肥皂泡。如果肥皂泡没有破，就可以进行下面的实验。如果破了，需要再调整一下肥皂水的浓度。

进行下面的实验，需要小心翼翼，并且保证光线充足，否则泡泡可能就不会有那么漂亮的色彩。

I

II

III

图 53

第一种是罩着花的泡泡（图 53I）。首先准备一个盘子或者托盘，在里面倒上足够覆盖住盘底的肥皂液（高度为两三毫米）。然后在盘子中间放一朵小花或者一盆小花，用玻璃漏斗罩住。接下来从漏斗口吹泡泡，当泡泡足够大的时候，小心地把漏斗倾斜着拿起来（图53II）。当漏斗完全被拿起来时，花就被泡泡做成的圆形罩住了。泡泡表面呈现着五颜六色的彩虹，甚是漂亮。

第二种是一个套一个的肥皂泡（图53III）。首先用之前用的玻璃漏斗吹一个很大的肥皂泡。然后准备一个稻草秆，留一段用来吹泡泡的地方，其他地方都浸泡上肥皂水。接着，把稻草秆小心地穿过大肥皂泡的薄膜，吹第二个泡泡。用同样的方法，接着吹出第三个、第四个和更多的泡泡。

第三种是肥皂泡圆筒。首先需要准备两个铁环。吹一个圆形的肥皂泡，下面用一个铁环托着，上面放一个蘸有肥皂液的铁挂环，向上拉，泡泡会被拉成圆柱形（图54I）。需要说明的是，如果肥皂泡被拉起的高度比铁环的周长要长，那么，肥皂泡会变成两个泡泡。

我们已经知道了肥皂泡上面有表面张力，填充的空气也有压力。那么，这个表面张力是很微弱的吗？我们把肥皂泡靠近蜡烛的火苗，火苗会明显地倾斜（图54II），这说明，泡泡的表面张力并不是很微弱。

I   II

图 54

当温度变化时，泡泡也会发生变化。周围空气变冷的时候，泡泡会变小；

周围变暖和的时候，泡泡会变大。原因是泡泡内空气的热胀冷缩。我们来计算一下，如果在 –15℃ 的时候，肥皂泡的体积为 1 000 立方厘米。换到 15℃ 的环境，肥皂泡的体积大约会是 $1\,000 \times 30 \times \dfrac{1}{273}$ 立方厘米。

最后，我们再来探讨一个问题，泡泡能长时间保存吗？答案是肯定的。在特定条件下，泡泡可以存放 10 天。英国著名的科学家瓦特，曾把泡泡放在特制的瓶子里，瓶子防震、防干燥，还可以防止空气的震动。这样的情况下，泡泡可以保持一个月甚至更长的时间。美国的劳伦斯甚至把泡泡保存过好几年。

①香皂是不适合用来吹肥皂泡的。现代可以用以吹泡泡的材料有洗洁精、肥皂（粉）、洗衣粉，其中用洗洁精吹出来的泡泡小，但很多；另外两种材料吹出来的泡泡虽然大，但数量少。

31 改良漏斗

用漏斗往瓶子里灌过水的人都知道，灌水的过程中，水流得不顺畅的时候，需要把漏斗拿起来。原因是，当往瓶子里灌水的时候，水会压缩里面的空气，当空气被压缩到一定程度后，压力非常大，就会阻止水的继续灌入。为了让水继续顺利灌入，就需要把漏斗拿起来，让压缩空气释放出来。这样，在灌水的过程中，需要频繁地把漏斗拿起、放下，很不方便。

我们可以制作一种改良的漏斗，来解决这个问题。漏斗的管采用有纵向凸起的，这样，可以避免漏斗完全贴紧瓶口，保证了空气流通。但是，在日常生活中，我们很少见到这种改良的漏斗。这种改良漏斗一般出现在实验室中。

32 翻转后水杯中的水有多重

　　杯子里面装满了水，把杯子翻转过来，杯子里面水的重量会改变吗？

　　做这个实验，首先要保证翻转之后水不会倒出来——方法如图 55 所示——把杯口扣在盛有水的容器中，同时，把高脚杯吊在天平的一端。然后在天平的另外一端挂一个一样的空杯子。

图 55

那么，天平的哪一端更重？

很显然，装着水的一端更重。因为空气对杯子的上部有压力，但是下部的压力被杯中的水的重量减弱了。在另外一端的杯子中加满水，天平就能保持平衡。也就是说，倒置后水杯中水的重量跟倒置前一样。

33 房间内空气的重量

你猜猜看，一间普通的房间中的空气有多重？是多少克，还是多少千克？是你能用手指举起的重量，还是你能用肩膀扛起来的重量？

虽然，这本书看到这里，你肯定不会认为空气是没有重量的。不过，空气的具体重量，还是很少有人能说出来。

事实上，在夏天，1升地面上的热空气的重量是 1.2 克。1 立方米等于 1 000 升，所以，1 立方米的空气的重量是 1.2 千克。

根据这个，我们就可以估算出房间中空气的重量了。假如房间的面积是 15 平方米，高度是 3 米，那么，房间的体积就是 45 立方米，也就是空气的体积。因此，这间房子中空气的重量是 45×1.2=54 千克。结果是不是超出你的想象了？这种重量用手指肯定是举不起来的，用肩扛也是很费劲的。

34 吸气吹瓶塞

我们都知道，被压缩过的空气会产生压力。不过，我们还是可以通过实验来验证一下。

需要准备一个玻璃瓶，一个比玻璃瓶口稍小的瓶塞。

首先，把玻璃瓶垂直放好。把瓶塞放到瓶口后，试着把瓶塞吹到瓶子里。

感觉这应该不算难。但事实上，吹的时候，瓶塞不但不会进到瓶子里，反而会向吹气的方向飞过来。越用力吹，飞得越快。

那应该怎么做呢？你是不是想到了？吸气就可以了。

原因是：当你吹气的时候，空气顺着瓶塞和瓶子的间隙进入瓶子中，瓶子里面的压力增加，就把瓶塞弹飞了。反而，当你吸气的时候，瓶内的空气会减少，瓶子外面的大气压力大，就把瓶塞压进去了。需要注意的是，做这个实验的时候，瓶塞必须是干燥的，湿的瓶塞会和瓶口发生摩擦，从而使得瓶塞不容易进到瓶子里。

35 飞走的气球

孩子们松开手里的气球，气球就会飞走了。这种情景总能引起人们的想象，气球去了哪里？它能飞多高？

气球一定不会飞到大气层的外面，它有一个极限。在极限高度，气球排开的空气重量等于气球的重量。但是还需要考虑一个情况，在气球不断上升的过程中，空气越来越稀薄，气球外面的压力减少，气球会不断膨胀，一般在没有达到极限高度的时候，气球就胀破了。

36 铁轨间为什么要留缝隙

观察过铁轨的小朋友会发现，铁轨之间并不是紧紧靠在一起的，而是留有一定的空隙，通常叫作接头缝。这个缝隙是必须要留的。

原因是自然界存在热胀冷缩的现象。在夏天的时候，经过日晒，铁轨温度升高，铁轨变长。如果没有这些间隙，铁轨就会因为挤压而变形，道钉甚至也会脱落，影响顺利通行。

在冬天的时候，温度降低，铁轨又会收缩，铁轨间的间隙会变大。

因此，各地的铁轨间隙也是不同的。要根据当地的气候，准确计算设计。

37 喝冷饮和热饮的杯子

你有没有发现，一般情况下，大家都用杯壁很厚的杯子喝冷饮，而用杯壁薄的杯子喝热饮。

用厚杯子喝冷饮，是因为厚杯子更稳当。那么，可以用这样的杯子喝热茶吗？答案是不能，因为杯壁受热膨胀的程度比杯底大，杯子很容易炸裂。杯子越薄，杯壁和杯底受热膨胀的程度差别就越小，容器也就越不容易炸裂。

38 茶壶盖上的小孔

你有没有发现，金属茶壶的壶盖上都有一个小孔。这个小孔有什么作用呢？答案是，小孔是为了让蒸汽溜出去。否则的话，蒸汽可能会把茶壶盖掀翻。那么，我们的问题是，壶盖受热之后，小孔是变大还是变小？

答案是，受热后小孔会变大。假如，小孔处是一个用同种材料做成的小圆片，那么，受热后体积显然是变大的。同样的道理，容器受热后也会变大，而不是变小。

39 烟囱里的烟

没有风的时候，烟囱里面的烟是往上冒的，这是为什么呢？

原因是：烟囱中的空气受热膨胀，变得稀薄，也就是比周围的空气轻，于是在热空气的作用下，烟就向上飘。等到热空气冷却下来，烟就落到了地面上。

40 不会被点燃的纸

我们都知道，纸是很容易燃烧的，那么能不能让纸不容易燃烧起来呢？今天，我们就来做一个这方面的有趣实验。

把纸条包在铁块上，就像缠绷带一样紧紧裹在上面。这样，在铁块被烧得很热之前，纸条都不会被点燃。纸条会被熏黑，但却不会被点燃。

为什么呢？

原因是，包括铁在内的很多金属，都有很好的导热性。它把纸条从蜡烛火苗那里获取的热量迅速转移出去了。实验成功的关键就在于铁块。如果换成导热性很差的木块，实验就会失败。如果用导热性更好的铜，实验更容易成功。

同样的道理，可以把绳子缠在钥匙上，那么绳子也不会燃烧。

41 密封的窗框与屋内温度

　　冬天的时候，把窗户封堵得严实些，能够保持室内的热量。在讨论如何封堵窗户之前，我们先来弄明白，为什么封堵窗户之后，屋子会暖和。

　　很多人认为是两层窗框比一层窗框要好，但是事实上，屋子更暖和是因为被封堵在室内的空气，干空气的导热性差。封堵窗户的目的是减少空气的流动，从而减少热量的散失。

　　封堵的时候，不要留空隙。如果有空隙的话，外面的冷空气挤压室内的热空气，热空气溜出去之后，室内就会变冷。因此，封堵窗户的时候，一定不能留缝隙。

　　如果没有用来封堵窗户的密封条，可以用硬纸板来代替。只有把窗户密封好了，才能留着屋子里面的热气，并节约能源。

42 关严的窗户为什么还会漏风

　　冬天的时候，你肯定有这样的体验：窗户明明已经封得严严实实了，还是觉得漏风。这是为什么呢？

　　因为室内的空气其实一直在流动，这是由空气的冷热交替引起的。我们都知道，热空气膨胀，向上运动；冷空气压缩，向下运动。灯、壁炉等处的空气受热后变轻，飘向天花板；窗户或其他冷地方的空气遇冷收缩后向下移动。

　　找一个气球放到屋子里，就能方便地观察到气流的运动。首先准备一个挂有重物的气球。挂重物的目的是使气球能悬浮在空中，而不会一直飘向天花板。把气球放到热的炉子附近，在气流的作用下，气球就会在房间里上下乱窜，飘上飘下。

现在，你明白为什么在窗户密封严实的屋子里，虽然没有外面的风进来，我们仍然会觉得有阵阵风吹来了吧。尤其是在接近地面的地方，能更明显地感觉到风。

43 用冰块冷却饮料

想要用冰块冰镇饮料时，要怎么放冰块呢？冰块是应该放在饮料瓶上面，还是饮料瓶下面呢？

很多人第一反应是，当然把冰块放在饮料瓶下面。就跟煮汤的时候，把瓦罐放在火上面一样。事实上，这样做是不科学的。加热的时候的确需要从下往上，而冷却的时候，是需要从上往下的。

我们都知道，温度降低，物体的密度会增大。冰镇过的饮料比常温的要稠。在罐子上面放冰块冷却的时候，上层靠近冰块，冷却后密度变大，就会向下流动。而常温的部分又接触到了冰块。这样，很快就能把罐子里的饮料都冷却了。

如果是把冰块放到罐子的下面，那么就只有下面的饮料接触到冰块，上层常温的饮料不会流动到下面来接触到冰块。冷却的速度自然就慢。

同样的道理，冷却肉类、蔬菜、鱼类的时候，也要把冰块放在上面。因为冰块周围的冷空气是向下运动的，东西放在下面，才更容易被冷却。如果要给房间降温，就要尽可能地把冰块往高处放，如放在书架上或挂在天花板上，而不是放在板凳上，这样，冷空气向下运动，屋子里很快就会凉快。

44 水蒸气的颜色

你一定见过水蒸气吧，但是，你能说出水蒸气是什么颜色的吗？

水蒸气是完全透明的，没有颜色。我们平时所看到的白色，其实是由很多细小的水滴聚合形成的，是雾化的水，并不是严格意义上的水蒸气。

45 烧开的水壶为什么会响

你一定听到过水在烧开前，水壶发出的"歌声"吧。这其实是小水泡爆破的噼里啪啦声。

在直接贴近壶底处，水被汽化为水蒸气，在水里产生小气泡。气泡很轻，被周围的水往上挤。上面的水温低于 100℃，气泡里面的蒸汽遇冷收缩。气泡的薄膜也会被周围的水挤破。在水烧开前的一会儿，会有很多气泡往上涌，在水里破碎时就会发出噼啪声。

当茶壶里的水都沸腾时，不再产生气泡，茶壶也就停止了"唱歌"。不过，只要茶壶里的水开始冷却，"歌声"可能就会再次唱响。

46 神秘的旋转风轮

你有没有玩过风轮？下面的实验就跟风轮有关。首先需要制作一个风轮。准备一张卷烟纸，裁出一个正方形，沿着两条对角线分别对折，对角线的交点就是正方形的重心（图 56I）。用一根针顶着正方形的重心处，它会保持平衡。如果有风吹来，它会随风在针头上旋转。

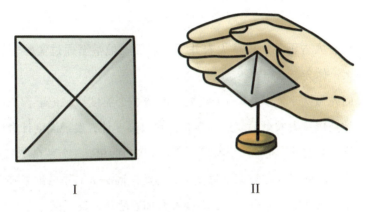

I   II

图 56

　　下面，我们一起见证风轮的神秘。用手慢慢靠近风轮，以免扰动气流，这时候，奇妙的事情发生了：风轮自己开始旋转了，而且越来越快。如果把手从风轮边上拿开，风轮就停止旋转（图 56II）。如果用手再次靠近风轮，它就又开始旋转。

　　19 世纪 70 年代，这个现象曾经引起很大的轰动，甚至有人认为，这说明人体拥有某种超自然的能力。神秘主义者就是通过这个实验，找到了他们的学说依据。其实，这个实验的原理很简单，手是有温度的，手上的温度传递给下方的空气，受热后的空气向上流动，催动了风轮旋转。这跟我们前面做的纸蛇实验原理一样，都是因为热气流的作用。

　　如果仔细观察，会发现风轮的旋转是有规律的：从手腕处向手指处旋转。这是因为，手掌的温度总是比手指高，所以，手掌处会产生更多的热气流，从而对风轮有更大的作用力。

47 皮草大衣保暖的真相

如果有人告诉你，皮草大衣并不能保暖，他甚至通过实验告诉你这件事，那么，你会怎么想？

我们先做两个实验：第一个实验，准备一个温度计，记下读数，然后把温度计放到皮草大衣里面。过一会儿，拿出温度计，发现温度计数值并没有变化。第二个实验，准备两个冰袋，一个放到房间里，一个裹在皮草大衣里。过一会儿，房间里的冰袋完全融化了，与此同时，大衣里的冰袋甚至都没有开始融化。这个实验说明，大衣不仅没有加速融化，反而保"冷"。

那么，皮草大衣真的不保暖吗？怎么解释上面的实验现象呢？

首先，我们要先明确保暖的含义。其本质应该是减少热传递，也就是通过减少热量的散失，来达到保暖的目的。台灯、炉子、人体，都能自己产生热量，我们穿着皮草大衣，大衣保护了人体产生的热量不散失，从而起到保暖的效果。而温度计本身是不会产生热量的，把它放在大衣里，数值不会发生变化。把冰袋裹在大衣里，大衣阻止了冰袋的热传递，从而延缓了融化。

冬天下雪，厚厚的雪层跟皮草大衣一样，有给大地保暖的作用。颗粒状的物体导热性差，雪也一样，雪覆盖着大地，导热性差，从而阻碍了土壤热量的流失。有积雪覆盖的土壤，其温度比裸露的土壤要高10℃左右。有经验的农民都知道这件事。

因此，皮草大衣保暖的本质是人体本身产生了热量，皮草大衣只能帮助减少热量的流失。

48 冬天怎样给房间通风

冬天的时候，给房间通风也是有诀窍的。最好的方法是在壁炉中烧着火的时候，打开通风窗。这样，外面的新鲜冷空气会涌进屋子里，而室内暖和的轻空气会被挤到壁炉里，通过烟囱排到屋子外面。

如果我们不开窗换气，外面的空气就完全不能进入房间吗？当然不是，屋子外面的冷空气会顺着墙壁的缝隙溜进房间，但这些空气因为不足以维持壁炉的燃烧，原有的空气也就无法排出去，达不到换气的目的。此外，这些溜进来的空气可能还不是我们想要的干净而新鲜的空气，所以建议大家冬天还是要开窗通风换气。

49 通风窗的位置

通风窗的安装位置应该在窗户的上面还是下面？生活中，我们能看到很多房子的通风窗是安装在窗户下面的，这样起码开关窗户方便些。但是，从窗户的核心作用——通风换气来考虑，通风窗应该安装在窗户上面。因为一般情况下，室外的空气温度低，密度大。室外的冷空气从上面的通风窗向室内涌入，挤压室内的热空气，热空气从下面的窗户流出，从而起到流通空气的作用。

50 火焰为什么不会自己熄灭

直观上想一想，火焰燃烧的时候，产生的是不易燃烧的二氧化碳和水蒸气，火焰被这样的气体包围着，没有空气来助燃，应该会自己熄灭才对。可事实上，并不是这样，只要有可燃物质，燃烧就会继续进行。

原因是，燃烧的时候，火焰周围的气体并不是静止的，气体受热膨胀，变轻，周围的空气会涌过来，而空气中有可以支持燃烧的气体。

吹灭蜡烛时，我们从上往下吹气，其实就是利用了燃烧产生的二氧化碳和水蒸气的灭火作用。燃烧产生的气体在上面，我们把它们吹向火焰，火焰接触不到支持燃烧的氧气，就熄灭了。

51 水为什么能熄灭火焰

我们都知道水可以灭火，可是，你能说得清楚里面的原理吗？

首先，水接近高温燃烧的物体之后，就会变成水蒸气。在水变成水蒸气这个过程中，所需的热量很多，大量的热量从燃烧的物体处带走。例如，想要把沸腾的开水变成水蒸气，带走的热量是将同样体积的冰水加热到100℃所需热量的4倍。

其次，水转化成水蒸气之后，体积会增加几百倍之多，围绕在燃烧物周围。这样，就挤走了燃烧物周围的空气，没有了空气，燃烧自然就无法继续了。

为了更好地熄灭火焰，甚至可以在水里添加火药。根据我们上面讲的，试着猜一猜，为什么要这么做？因为火药能迅速燃烧，瞬间产生大量的不易燃烧的气体围绕在燃烧物周围，从而达到快速灭火的目的。

52 用冰加热和用开水加热

你认为，可以用一块冰加热另一块冰吗？可以用一块冰冷却另一块冰吗？可以用一份开水加热另一份开水吗？

首先我们明确一点，冰的温度不止一种，水在0℃以下就会结冰，但冰与冰的温度是不同的。如果我们将一块 −5℃的冰与一块 −20℃的冰放在一起，那么 −5℃的冰就会使另一块冰的温度上升，不再那么低。所以，一块冰给另一块冰加热或冷却，都是可以的。

而同一气压下，水的沸点是固定的，开水与开水的温度相同，不会发生热传递，也就是说，不能用一份开水加热另一份开水。

53 能用开水把水烧开吗

准备一口锅和一个小瓶子，倒进去水，把瓶子悬挂在锅里。打开火，过一会儿，锅里的水就会开始沸腾。而瓶子里的水会变得很热，但是却不会沸腾起来。

刚开始会觉得这个结果匪夷所思，但仔细想想，这个结果是必然的。

原因是，标准大气压下，水的沸点是100℃。水达到沸腾状态，一方面要达到100℃，另一方面还要有足够的热量储备。当锅里的水沸腾之后，温度保持在100℃，不可能再高。通过热传递，可以使瓶子里的水达到

100℃，却不能提供更多的热量储备。而锅里的水会沸腾，是因为水可以流动，都有机会接触到锅底的热源。

如果想要瓶子里的水沸腾，可以在锅里加盐，盐水的沸点高于100℃，能传递给瓶子里的水更多的热量，以支持沸腾。

54 用雪将水烧开

在上一个实验中，锅里的沸水不能把瓶子里的水烧开，那么，雪可以吗？不要急着肯定或否定，我们来做个实验，用事实说话。

首先，跟上一个实验一样，往小瓶子里装半瓶水，放到沸腾的盐水锅中加热。过一会儿，玻璃瓶里的水会沸腾。然后，把玻璃瓶拿出来，迅速地塞紧瓶塞。接着，把瓶子倒过来。再过一会儿，瓶子里的水就不再沸腾。此时，在瓶子的底部放上一些雪，或者倒冷水，如图57所示。你就可以看到，瓶子里的水又开始沸腾了。伸手去摸摸瓶子，发现它并不是很烫，显然温度没有达到水的沸点。温度没有达到沸点，而亲眼看到了水在沸腾，这是为什么呢？

原因是，在锅里加热时，瓶子里的水已经沸腾过一次了，瓶子里的空气被挤了出去。在雪或冷水给玻璃瓶降温的时候，瓶子里的水蒸气凝结成小水滴。因此，瓶子里的气压会降低，液体的沸点随着气压降低而降低。结果就是我们看到的那样，水的温度不高，却能再度沸腾起来。

如果玻璃瓶壁不是很厚，在这种情况下——瓶内气压减小，瓶外的大气压力增大，巨大的压力差，很有可能使瓶子被压碎。因此，做这个实验最好选用圆形的玻璃瓶，如烧瓶，这样，气压就会作用在圆面上。

图 57

如果用装煤油、润滑油等的白铁罐代替上面的玻璃瓶做这个实验，在浇冷水的时候，白铁罐会在一瞬间被压得扁扁的，就像用榔头砸过一样（图 58）。

图 58

55 徒手抓热鸡蛋

你有没有试过拿着刚从沸水里捞出来的热鸡蛋？你的第一反应是不是觉得这很困难，会很烫手？事实上，因为鸡蛋表面的水分蒸发会带走一部分的热量，所以，刚捞出来的鸡蛋表面不会特别烫。当然，这只是刚捞出来的时候。等鸡蛋皮干了之后，还是会感到很烫手的。

56 用熨斗除油渍

熨斗一方面可以帮我们把衣服熨得平整，另一方面还能去除油渍。

那么，熨斗为什么能够除去纺织品上的油渍呢？

原理是：熨斗的温度较高，在高温下，液体的表面张力会变小。麦克斯韦在《热理论》中是这么说的："事实上，油渍各个部分的温度都不同，油渍会从高温的地方向低温的地方转移。如果我们把加热的熨斗放到布的一边，在另一边放一块棉布，那么油渍就会转移到棉布上。"因此，在用熨斗的时候，要把吸收油渍的布放到与熨斗相反的方向。

57 站得高，看得远

站在平坦的地方，我们的视野范围就是地平线。我们能看到地平线远处的树木、房屋和高大物体的顶端，却看不到它们的全部，它们被地面凸起的部位遮住了。虽然大地和海洋看上去是平的，但其实总有凹凸起伏，地表是弯弯曲曲的。

那么，人的视线能看到的范围具体是多少呢?

据测量，一个中等身高的人，站在平坦的地面上，能看到周围 5 千米以内的东西。平原上的骑手能看到方圆 6 千米以内的东西。站在 20 米高的桅杆上的水手，能看到方圆 16 千米以内的东西。站在 60 米高的灯塔上的人，能看到方圆 30 千米的海面。

在高空航行的飞行员能看到的距离最远。如果天空万里无云，位于 1 千米高空，可以看到方圆 120 千米的范围。位于 2 千米的高空，则能看到方圆 160 千米的地方，当然，这样的距离是需要望远镜的。如果上升到 10 千米的高度，那么能看到的范围就会达到方圆 380 千米。

如果飞行员乘坐平流层气球升到 22 千米处的高空，那么他最远可以看到方圆 560 千米的地方。

58 蟋蟀在哪里

在回答蟋蟀在哪里之前，先找一个小伙伴，一起做下面这个实验。

首先把小伙伴的眼睛蒙上，让他安静地坐在房间里，头不要转动。然后，在距离小伙伴同样距离的不同位置，用一枚硬币碰撞另一枚硬币。让小伙伴根据听到的碰撞声音判断硬币的位置。结果你会发现，他不能猜到硬币在哪里，甚至，硬币在屋子的这边碰撞，他却猜的是完全相反的方向。

这个跟我们无法判断蟋蟀在哪里是一样的道理。我们明明觉得蟋蟀在右边两三步的地方，悄悄地走近，却发现蟋蟀并不在这里，而我们又觉得蟋蟀的声音好像变到左边。但是，当你去左边看的时候，又觉得声音在右边。你是否大惊，蟋蟀怎么会移动得如此迅速？而且，你转头去找的速度越快，声音转移得也就越快。这究竟是怎么回事？

其实，蟋蟀可能一直都待在那里，并没有移动。你觉得蟋蟀移动了，其实是你的头转动了。

因此，想要准确找到蟋蟀的位置，不应该用眼睛去看，而应该用耳朵去找声音的方向，把耳朵侧向一边，对着声音。我们说"侧耳倾听"，就是这个道理。

59 回声

我们发出的声音碰到墙壁或者其他障碍物时，会沿原路返回，再次到达我们的耳朵，这就是回声。想清晰地听到回声，声源与障碍物之间的距离就不能太短，可以选择又大又空旷的房间。距离太短的话，回声就会与原来的声音重合，起到加强声音的作用。

假如你站在一个空旷的地方，距离前面的别墅 33 米。如果你拍手，那么声音会经过 33 米到达别墅的墙壁，然后折回来，也就是声音要跑 66 米。所用时间为：$\frac{66}{330} = \frac{1}{5}$ 秒。如果第一个声音短于 $\frac{1}{5}$ 秒，那么，声音不会重合，我们会先后听到两个声音。我们发一个单音节的词，如 "是""不"，大约需要 $\frac{1}{5}$ 秒。因此，站在距离墙壁 33 米远的地方，我们能够听到单音节词的回声。如果是双音节词，两个声音会重合，声音会大些，但是听不清楚。

如果想清晰地听到双音节词的回声，如 "乌拉""哎呀"，需要多远的距离呢？双音节词的发声时间大约是 $\frac{2}{5}$ 秒。在这个时间范围内，声音需要到达障碍物之后再返回来，也就是声音传播的距离是人距离障碍物距离的 2 倍。在 $\frac{2}{5}$ 秒内，声音传播的距离是 $330 \times \frac{2}{5} = 132$ 米。

132 米的一半是 66 米，也就是说人距离障碍物的最小距离是 66 米。

现在，用类似的方法，可以计算出要想听清楚三音节词，至少需要 100 米的距离。

60　自制音乐瓶

如果你喜欢音乐，有一双倾听音乐的耳朵，那么你就可以用玻璃瓶自制一副摇滚乐器，用它可以演奏一些简单的音乐。

如图 59 所示，首先在椅子上水平挂上两根竹竿，然后在竹竿上均匀地挂上 16 个玻璃瓶，第一个玻璃瓶装的水要装满，之后的依次递减。

用干燥的木棒敲打玻璃瓶，装水量不同的玻璃瓶会发出不同音阶的声音。你会发现水越多，音调越高。有了两个八度的音调，你就可以演奏一些简单的乐曲了。

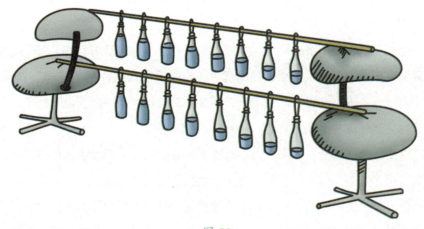

图 59

61 会唱歌的贝壳

把贝壳或者茶壶放到耳朵边，就能听到奇妙的声音。很多有趣的传说，就跟这个现象有关。

为什么贝壳里会有声音呢？

事实上，贝壳只是放大了周围一些细小的声音，因为这些声音很微弱，平时都被我们忽略了。贝壳就像是一个共振器，微弱的声音，在里面发生共鸣。贝壳只是起到了加强声音的作用。各种细碎嘈杂的声音混合之后经过放大，就像大海的波涛声。

62 手掌上的圆洞

把双手放在距离眼睛前 15~20 厘米处，左手拿一个纸筒，右手张开贴着纸筒放在眼前。左眼通过纸筒望向远方，右眼看眼前的右手（图60）。此时你会发现，右眼眼前出现的并不是右手掌，而是同左眼一样，也看到了远处的景物，就好像右手掌上生出了一个圆洞一样。

这是怎么回事呢？原来，为了看清楚远处的景物，左眼的晶状体自动调整为远视的状态。与此同时，人类的双眼在长期的适应过程中，养成了协同工作的习惯，当左眼的晶状体调整为眺望远方时，右眼的晶状体也进行了相应的调整，这样右眼就会对近在眼前的手掌视而不见，而是随左眼的协调，一起看向了远方。这也就导致了右手掌上出现圆洞的假象。

图 60

63 望远镜

　　站在海边，用一个可放大 3 倍的望远镜观察一艘行驶的轮船，那么观察到的轮船速度是真实速度的多少倍呢?

　　为了搞清楚这个问题，我们来做一下计算。假如说，站在距离轮船 600 米的地方观察，轮船以 5 米 / 秒的速度向观察者驶来。600 米的距离经过望远镜转化为 200 米的距离。船行驶了 1 分钟之后，行驶的距离是 300 米，同时距离观察者的距离也为 300 米。300 米的距离经过望远镜转换为 100 米的距离。也就是说，观察者通过望远镜观察到船行驶的距离是 200-100=100 米。那么，用望远镜看上去，船的行驶速度是 100 米 / 分，而船真实的行驶速度是 300 米 / 分。也就是说用 3 倍放大倍数的望远镜观察行驶的轮船，船的速度变为实际速度的 $\frac{1}{3}$。

　　用其他的观察距离、行驶速度、行驶时间进行计算，会得到同样的结论:

放大镜的放大倍数等于行驶速度减小的倍数。

64 照镜子时灯该放在哪里

在前面的实验中我们已经知道，想要冰镇饮料，需要把冰块放在饮料瓶的上面。那么，你知道照镜子的时候应该把灯放在我们的前面，还是我们的后面呢？

答案当然是应该把灯放在我们前面了。如果放在后面，那么照亮的就不是我们自己，而是我们的影子了。

65 在镜子前画图

我们都知道，镜子里的像和真实物体之间并不是完全相同的。下面这个实验，能让我们更清晰地感受到这一事实。

在一面镜子前面画一个矩形，选择好角度，画图的样子要能在镜子里看到。画图的时候，眼睛看着镜子里的笔，你会发现，这样很难画出像样的图。因为长期以来，我们的视觉印象和运动知觉形成了一定的默契。镜子中的物像与真实中的方向相反，打破了这种默契，我们感觉到手上的笔在向右移动，镜子中的物像却告诉我们的眼睛，笔是在向左移动。这种情况下，每次落笔，都经历着视觉与知觉的对抗，自然很难画出像样的东西。

简单的图画都很难做到，试着写字或画复杂的图案，就会更困难。

从镜子里看写好的字，也会很难识别。如果想通过镜子看清楚，需要再放一面镜子，把颠倒的像再倒置过来，就能看清楚了。

66 黑丝绒与白雪花

太阳光下的黑色丝绒和月亮光下的白色雪花，哪一个更亮呢？

正常情况下，黑色丝绒的黑似乎没有什么东西可以比得上，雪花的白色似乎也没有什么东西比得上。但是如果用光度计来观察，观察到的结果可能就完全不一样。太阳光下的黑色丝绒可能比月光下的白色雪花还要亮。

原因是，任何物体都不可能将照射在它上面的光线完全吸收。哪怕是最黑的颜色，如炭笔和烟炭的颜色也会有1%~2%的光线流失。

我们做一个夸张的假设，黑色丝绒分散了1%的光线，而雪花分散了100%的光线。我们都知道，太阳光的亮度是月光亮度的400 000倍。因此，即使黑色丝绒只分散了1%的太阳光，这个光的密度仍然远远大于雪花分散的100%的月光密度，大约是几千倍。也就是说，阳光下的黑色丝绒比月光下的雪花要亮几千倍。

如果不用雪花，而用其他白色的物体，同样可以得出这个结论。你可以用锌钡白，它可以分散照射在它上面91%的光线，算得是最亮的东西了。

因为除了白炽状态的物品，任何其他物体，分散的光线都不可能超过照射在它上面的光线亮度，同时，太阳光的亮度是月光亮度的400 000倍，因此，在月亮下最亮的白色都不可能比太阳下的黑色亮。

67 雪为什么看起来是白色的

我们都知道雪是由透明的冰晶组成的，那为什么我们看到的雪是白色的呢？

打碎的玻璃或其他磨碎的东西看上去也是白色的。拿一块冰在台阶上拍打，甚至你可以用脚碾碎它，总之就是要把它变成很碎很碎的样子，它们看上去是白色的粉末。原因是，光线照射在冰块粉末上之后，没有办法透过粉末。光线只能透过粉末和粉末间隙的空气反射过去，也就是完全的内部反射。因为碎冰块把光线都反射了出去，因此它们看上去就像是白色的。

这也就是说，我们平时看到雪花是白色的，是因为雪花是粉末状的。如果把雪花粉末之间的间隙填满，雪花就不会是我们平时看到的白色，而是恢复了它的本来面貌——透明的。

想要验证一下这个说法的话，方法很简单，只要准备一个装有水的罐子就可以了。把雪花洒进罐子里，就会看到雪花变成了透明的。

68 上过鞋油的靴子为什么闪闪发亮

为什么上过鞋油的靴子看上去很亮呢？

不管是靴子还是鞋油本身都不是很亮呀。很多人对此都会感到迷惑不解。

为了找到问题的答案，首先我们需要知道抛光的表面和毛表面的区别在哪里。凭直觉，我们以为抛光的表面是光滑的，而毛表面是粗糙的。这种理解不一定是正确的，因为世界上没有绝对的光滑。通过望远镜，观察一个在肉眼情况下似乎很光滑的表面，就会发现它的表面凹凸不平，就像是布满了一个个小山丘。毛表面和抛光表面的区别不在于有没有凹凸，而在于凹凸的程度。如果表面凹凸的程度比照射在它上面的光线的波长短，那么光线就会正常地被反射回去。此时，光线的反射角等于入射角。这样的表面我们称为抛光表面。如果表面凹凸的程度比照射在它上面的光线的波长长，那么光线就没有办法正常地被反射回去，这样的表面看上去就不会闪闪发光。人们习惯于把这种表面称为毛表面。

根据上面的分析，我们不难得出，如果用不同的光线照射同一个表面，表面有可能是抛光表面，也有可能是毛表面。我们知道，可见光的平均波长为 0.0005 毫米，凹凸程度小于这个数的表面就是抛光面。红外线的波长比可见光长，紫外线的波长比可见光短。在可见光下是抛光面的表面，如果用红外线照射，自然也是抛光面。然而，如果用紫外线照射，它就是毛表面了。

现在让我们接着讨论，为什么上过鞋油的鞋会闪闪发光。没有上鞋油之前，鞋子表面凹凸不平的程度，比可见光的波长要长，它是毛表面。刷了一层鞋油就相当于在凹凸面上铺了一层薄膜，起到了填补凹凸的作用，并且鞋油可以服帖一部分鞋面上的绒毛。这样，鞋子表面的凹凸程度就小于可见光的波长，鞋子表面就成了抛光面，鞋子看上去也就闪闪发亮了。

69 透过彩色玻璃看世界

你有没有试过透过绿色的玻璃去观察红色的花，你知道这样看到的花会是什么颜色的吗？如果透过绿色的玻璃去看蓝色的花，又会是什么颜色呢？

我们都知道只有绿光才能透过绿色的玻璃。同时，红色的花只能反射红色的光。这也就导致了，透过绿色的玻璃看红色的花时，会什么颜色也看不到。因为红色的花反射的唯一颜色——红光被绿色玻璃阻挡了，所以透过绿色玻璃去看红花，花看上去会是黑色的。

同样的道理，透过绿色的玻璃去看蓝色的花，花看上去也是黑色的。

米·尤·比阿特洛夫斯基，一个对大自然有着敏锐洞察力的物理学家和画家，在他的著作《夏季旅行中的物理学》一书中，对上面的现象做了一番很有趣的解释：

> 透过红色的玻璃观察纯红色的花朵，比如天竺葵，花朵会非常明亮，就像纯白色的一样。透过红色玻璃观察到的绿叶则完全是黑乎乎的一片。透过红色玻璃看蓝色的花朵，花朵和树叶都是黑乎乎的一片，我们几乎都找不到花朵。而黄色、玫瑰色和淡紫色的花，透过红色的玻璃观察，也会有不同程度的变暗。

> 如果我们改用绿色的玻璃，绿叶会变得极其明亮，白色的花在绿叶的衬托下显得非常闪耀。黄色的花和蓝色的花颜色会稍微暗淡一些。而红色的花则完全是黑乎乎的一片。淡紫色和淡粉色的花也会暗淡很多。这样看上去就会觉得淡粉色的蔷薇花瓣比它的叶子还要暗。

> 最后，我们再换用蓝色的玻璃观察红色的花朵，红色的花朵变成了黑色。白色的花朵依然很明亮。黄色的花朵也变成全黑的了。跟白色一样，天蓝色和蓝色也是很明亮的。

> 根据上面的现象，我们不难得出，红色的花朵能够将更多的红色光线反射到我们的眼睛中。而黄色的花朵则几乎反射了相等数量的绿光和红光，同时反射的蓝光却非常少。粉红色和紫色的花能反射很多的红光和蓝光，反射的绿光却很少。

小贴士

偏光太阳镜具有将光偏极化的功能，能够有效阻隔有害光线却不影响可视光的透过，有效保护眼睛不受阳光中有害光线的伤害。偏光太阳镜的镜片颜色不同，其效果也不同，棕色或咖啡色的镜片，能够增强颜色对比，是司机开车时的首选。

70 红色的信号灯

为什么铁路车站的信号灯要用红色的呢？

因为在所有可见光中，红光的波长相对较长，不容易被空气中的灰尘分散。红色光线可穿透的距离，比其他可见光都要长。我们知道，列车要想顺利地停靠在站台，火车司机就要在很远的地方开始刹车，这时，能早点看到站台的标志，当然就更有利于火车司机提前做好刹车准备了。

科学家用来拍摄星球图片的红外滤光望远镜，就是利用波长长的光线能在大气中穿越较长的距离的原理制成的。这样的望远镜能够穿过层层云雾，拍摄到清晰的星球图片。而如果用普通的照相机，则只能照出一片片云朵。

另外，相对于蓝光和绿光，我们的眼睛对红光更敏感。这是信号灯采用红色的另一个原因。

1 什么是视觉错觉

这一章内容的主题是视觉错觉。我们所说的视觉错觉，是指在特定的情况下，任何正常的人都会产生的错觉。视觉错觉会让我们看到跟事实不符合的现象，但我们也不必为此感到担忧，甚至认为这是人体机能的缺陷。事实上，正是视觉错觉的存在，让画家们丰富了艺术的表现形式。

18世纪著名的数学家欧勒说过："写生画家们非常擅长利用这种具有普适性的视觉错觉。甚至可以说，绘画这种艺术本身就是以这种视觉错觉为支撑的。如果我们用事物的本质去分析绘画作品，那么，绘画这种艺术就没有存在的价值了。绘画家们穷尽智慧呈现出来的绘画作品，在我们眼中可能只是红色的斑点，蓝色的斑点，那还有个黑色的斑点。另外一边还有几条发白的浅色的线。他们只是点或者线条，并不是任何什么事物。如果我们都用这样的态度来欣赏绘画作品，沉浸在探索每一个斑点和每个线条的本质，那么我们将无法享受到绘画作品给我们带来的愉悦和享受。这真是令人叹息的事情。"

虽然很多人都对视觉错觉有浓厚的兴趣，如画家、物理学家、生理学家、医生、心理学家、科学家等，但是至今都没有人把各种视觉错觉的现象总结成一本书。

我试着总结了一下视觉错觉的主要类型，总结成这一章内容，呈现给业余爱好者阅读。我所总结的这些例子，都是在普通肉眼情况下观察到的结果，不需要使用显微镜或打孔卡片等一些辅助仪器。

关于视觉错觉的原因，除了由眼睛构造导致的视觉错觉，如光渗、马略特盲点、像散现象等之外，很多情况形成的原因还没有定论。在西方，关于视觉错觉的现象有很多的资料，视觉错觉这个领域可以探讨的东西也很多，然而，除了肖像错觉，其他的并没有明确的结论。

为了方便大家理解，我先给大家讲解一个例子，以图61I为例，让大家体会一下光渗现象。按照一定的方式，很多白色的圆圈，分布在黑色的背景上，站在远处观看，觉得这些圆形斑点似乎是六角形。这是因为白色的斑点是浅色的，让人觉得有所扩散。物理学家把这种现象称为光渗现象。

波尔·维耶尔教授在他的《动物学讲义》中有详细的解释："因为光渗现象，我们看到的圆斑点比真实的要大。同时也会觉得它们之间的黑色间隙变小。因为我们是按照每个斑点周围围绕有六个其他斑点的方式排布的，斑点在扩大的过程中彼此阻碍，因此我们就似乎看到了六角形。"

接下来我们再看一个例子，图61II，与上面例子中的颜色刚好相反，是黑色的圆圈分布在白色的背景上。我们看到的现象是，黑色的圆斑缩小了，但是仍然是圆形的，并没有变成六角形。

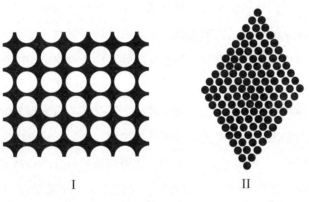

I   II

图 61

为了找到能够同时解释这两个例子的通用法则，不妨可以这样假设：距离圆形一定距离，观察时，我们看到的圆斑之间狭缝间隙的视角减小，小到差不多看不清斑点形状的程度，圆形斑点周围的六个间隙就都会变成粗细一致的短直线，这样，这些圆形斑点看上去就像是六边形了。

用这个假设同样可以解释另一个很奇怪的现象：在某一个特定距离上观

察，尽管圆形的斑点仍然呈现圆形，但是它周围的黑边却已经呈现出六边形。从更远的地方观察，才能看到白色的斑点呈六边形。当然，我的这个解释也只是个合理的猜测，类似这样的猜测还有很多，我们还要证明在某些特定的情况下，这就是原因所在。

前面我们也说到了，目前只有极个别视觉错觉的原因有明确的解释，大部分现象的解释都是不确定的，都是很难令人完全信服的。很多视觉现象，已经有很多人对此进行了努力的探索，但至今仍然没有得到令大家都信服的解释。同时还有一些视觉错觉，大家众说纷纭，每一种解释，从某一方面来说都是合理的，但也有其他的解释来质疑这个解释。

比如说关于太阳在地平线上会变大的著名问题，这个问题早在托勒密时代就被人们广泛讨论。对此人们至少有六种解释。这也说明了人类对视觉错觉领域的研究还处于初始阶段，首先需要建立一套基本的研究方法和准则。

鉴于以上的情况，这一领域理论方面还没有一个明确的定论，所以我还是只对那些大家公认的事实做客观陈述，而不解释它的形成原因。本章主要列举了几种常见的视觉错觉的类型。文章的最后，我对一些有明确解释的视觉骗局原因进行了阐释，希望这些解释能够对抗长期以来围绕视觉骗局产生的迷信说法。

本章的插图都能用视觉错觉现象解释。形成这些错觉现象的原因都与眼睛特殊的构造和生理特征有关。如盲点、光渗、像散、视觉印象留存和视网膜疲劳等（图 62 ~ 68）。盲点实验中，也可以通过另外一种形式发现部分视野消失的情况，正如 18 世纪马略特第一次尝试时候的那样：首先把一个小的白色圆纸片贴在黑色的背景上，圆纸片要和眼睛在同一高度上。然后在这张小纸片右侧两英尺且稍低的地方摆上另外一张圆纸片。在这种情况下，当观察者眯起左眼时，第二张纸片的影像就会落到右眼的视神经上。当观察者离开背景九英尺时，尺寸大概四英尺的第二张纸片，则完全从视野中消失了。

你会发现，你能看到比第二张纸片位置更偏侧的物体。所以纸片消失的原因并不是因为它在侧面。当你看不到纸片，以为它被拿走了的时候，只要稍微移动一下眼睛，却发现又能看到它了。

　　不仅有生理性视觉错觉，更有大量的心理性视觉错觉。心理性视觉错觉大都没有清晰明确的解释。但有一点是得到普遍认可的，那就是心理性视觉错觉，都是因为人们先入为主、不正确的、自然而然或下意识的判断所造成的。之所以会有这样的错觉，正是因为人们的理智，而非感觉。坎特对此有精妙的见解。

　　"之所以我们的感觉不会欺骗我们，正是因为它根本不做任何判断，而不是因为它总能正确地判断。"

2　光渗现象

　　观察图 62，你有没有觉得下边的白色的圆和正方形，看上去要比上边的黑色的圆和正方形要大。事实上它们是一样大的。在越远的地方观察它们，会觉得它们的大小差别越大。这种现象被称为光渗现象。

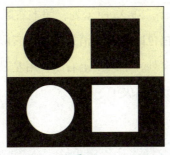

图 62

　　再来观察图 63，看上去左边带黑色十字的正方形的四个边好像被从中间向里挤压了，就像右边的这个图形那样。

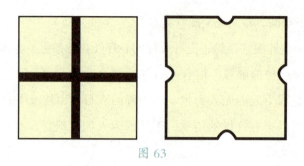

图 63

产生光渗现象的原因是，当物体的颜色很浅的时候，它的每一个点，在我们的视网膜上的像都不是一个点，而是扩散成一个个小圆圈。之所以会这样，是因为我们的眼球是球形的，会有球面像差现象。浅色物体的边缘在视网膜上是一条小光带，这样就扩大了它的面积。同样地，浅色的背景也会侵占黑色物体的边缘，而使得黑色物体看上去比实际要小。

3 马略特关于眼睛盲点的实验

把图 64 放在距离眼睛 20~25 厘米处，闭上右眼，用左眼盯着右上角的十字，你会发现中间的白色圆斑完全消失了，而它两边的两个小白圆斑却仍清晰可见。在同样的距离处，继续闭上右眼，用左眼盯着右下角的十字看，你会发现中间的大白圆斑只消失了一部分。

图 64

这是因为，眼睛与图像的相对位置，使圆斑的影像正好落在视神经所在的位置，也就是盲点上。盲点对光的刺激不敏感。

4 另一个盲点实验

接下来的这个实验是上一个实验的变形。闭上右眼，用左眼观察右边的交叉线（图 65）。在某一特定的观察距离，两个大圆中间的黑色圆斑会完全消失，但两边的圆圈却仍清晰可见。

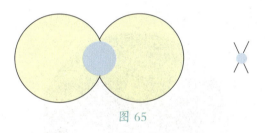

图 65

5 哪一个字母颜色更黑

闭上一只眼睛，观察下面的几个字母（图 66），你会很明显地看出其中一个字母比其他的要黑。但是，如果把这张图片旋转 45° 或 90° ，你会发现，颜色更黑的字母变了，变成了另外一个。

图 66

这种现象是由像散现象造成的一种视觉错觉，是由眼角膜在垂直或水平方向上的凸出程度不同造成的。

这种视觉错觉是一种很普遍的现象，几乎没有谁能摆脱这一点。

6 像散现象

图 67 也可以检验像散现象的存在。闭上一只眼睛，只用另一只眼睛近距离观察，会发现相对的两个扇形是黑色的，而另外两个扇形则是灰色的。

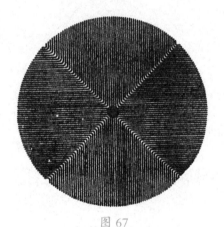

图 67

把图 68 进行左右移动，结果你会惊讶地发现，自己的眼睛在图上移动。

图 68

我们产生这种错觉的原因是，在物体退出我们视野的瞬间，我们的眼睛仍然会保留物体的影像信息。

将视线集中在图 69 上方的白色小正方形上，约 30 秒之后，你会发现下方的白色长条消失了，这是由视网膜疲劳造成的一种错觉。

图 69

7 缪勒－莱依尔错觉

观察图 70，直观上，凭感觉判断，会觉得线段 *bc* 比线段 *ab* 要长。实际上，它们是一样长的。

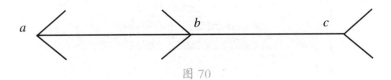

图 70

再看图 71，线段 B 看上去要比线段 A 长，而实际上，它们长度相同。

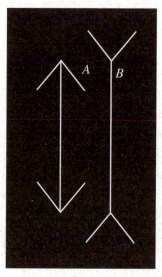

图 71

观察图 72 中的两艘船，会觉得上边船的甲板显然比下边长，其实，画两幅画时，甲板线条长度是一样的。

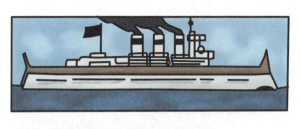

图 72

在图 73 中，看上去 AB 间的距离好像比 BC 间的距离小得多，而事实上它们之间的距离相等。

图 73

在图 74 中，看上去 AB 间的距离好像比 CD 间的距离大很多，而事实上它们之间的距离相等。

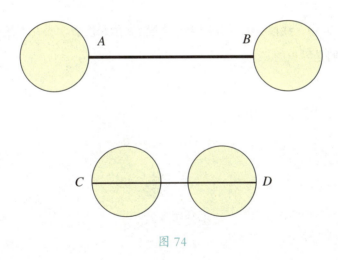

图 74

在图 75 中，位于底部的椭圆似乎比位于顶部的小椭圆要大，而事实上它们一样大。

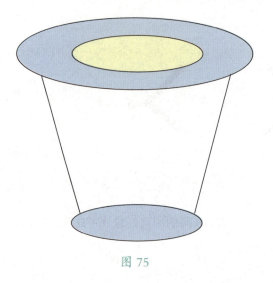

图 75

在图 76 中，线段 *AB*、线段 *CD*、线段 *EF* 的长度看上去并不是一样的，但其实它们是等长的。

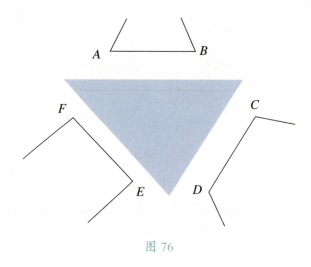

图 76

在图 77 中，看上去，左边带有横箭头的长方形，比右边带有竖箭头的长方形要长，但事实上它们的长度相同。

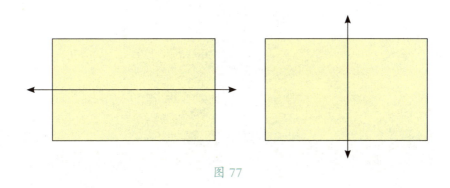

图 77

在图 78 中，图形 I 和图形 II 是边长相等的正方形，但看上去似乎前者明显比后者又高又窄。

I　　　　　　　　　II

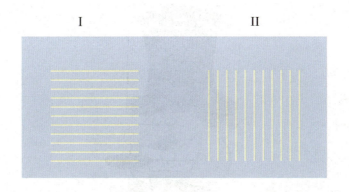

图 78

在图 79 中，高度和宽度其实是相等的，但看上去似乎高度明显要比宽度大。

139

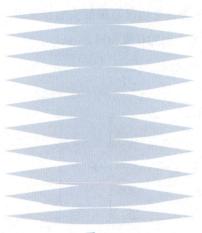

图 79

在图 80 中，礼帽的宽度和高度是相等的，但看上去似乎高度明显大于宽度。

图 80

在图 81 中，线段 *AB* 与线段 *AC* 长度相等，但看上去前者要长一些。

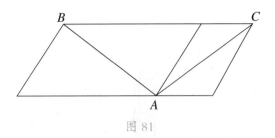

图 81

在图 82 中，线段 AB 与线段 BC 等长，但看上去前者似乎要长一些。

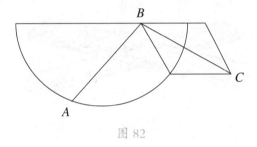

图 82

在图 83 中，MN 两点间的距离看上去比 AB 两点间的距离要小一些，其实它们之间的距离相等。

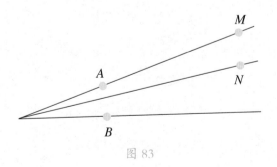

图 83

在图 84 中，竖直放置的木板看上去比平铺在下面的木板要长一些，然而事实上它们的长度相等。

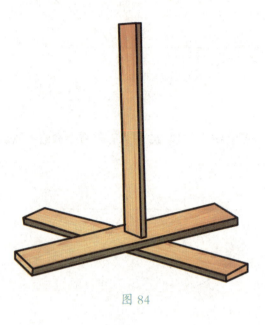

图 84

在图 85 中，左边的圆圈看起来比右边的要小一些，然而事实上它们一样大。

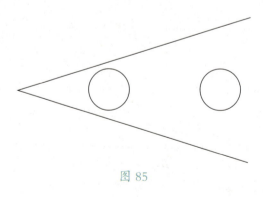

图 85

在图 86 中，*AB* 间的距离看上去比 *CD* 间的距离要小，然而事实上它们之间的距离相等。并且从越远的地方观察，这种错觉就越明显。

C

D

A B

图 86

在图 87 中，点 C 与点 D 和点 E 的距离，看上去似乎比上面两个圆的外缘之间的距离 AB 要大，但事实上却是相等的。

A

D

B

E

C

图 87

8 "烟斗"错觉

观察图88，你会觉得，右边的短横线似乎比左边的短横线明显要短一些，但事实上它们长度相等。

图 88

9 印刷字体错觉

观察图89，正着看的时候，觉得每个字母的上下两部分都是一样大的。但是当我们把图片旋转180°之后再看，就会发现，字母的上半部分要比下半部分小一些。

X38S

图 89

在图 90 中，短横线都是标记在三角形中线的中间，但看上去总觉得靠近顶点的那一半短一些。

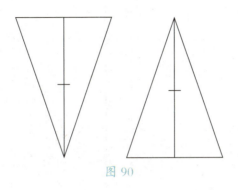

图 90

10 波根多夫错觉

从远处观察图 91，会觉得与黑白色带相交的斜直线是弯曲的。

图 91

在图 92 中，点 c 在直线 ab 的延长线上，但看上去觉得 c 点在延长线偏下的位置。

145

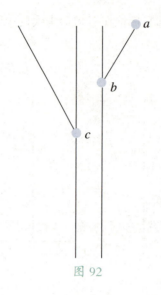

图 92

在图 93 中，虽然看上去觉得上面的图形比下边的要短一些，要宽一些，但是它们其实是完全一样的。

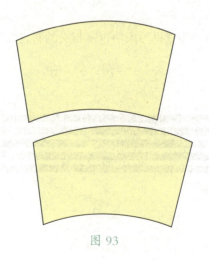

图 93

在图 94 中，中间部分的折线其实是平行的，但我们直观上看去总觉得不平行。

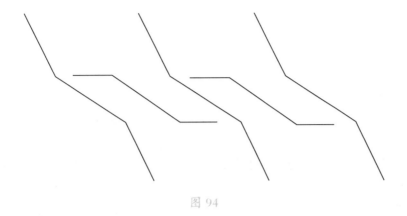

图 94

11 策尔纳错觉

在图 95 中，长斜线其实都是平行的，尽管看上去并非如此。

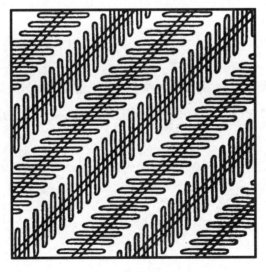

图 95

12 黑林错觉

在图 96 中，中间是两条水平的平行线，但看上去它们像是两端凸起的弧线。

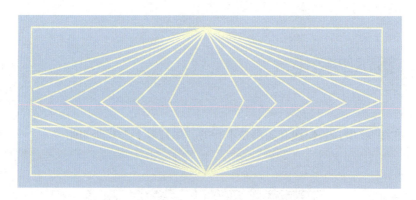

图 96

在下面两种情况下，错觉会消失：(1) 把图像放在与眼睛相同的高度，用目光顺着直线扫射。(2) 用铅笔点着图形上的某个点，并把目光集中在这点上时。

在图 97 中，两条弧线的弧度是一样的，但是看上去会觉得上面的弧度会更大些。

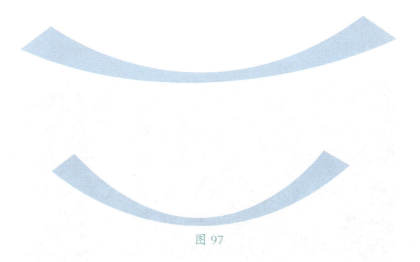

图 97

在图 98 中，中间的三角形是由直线组成的，但看上去会觉得三角形向内凹陷。

图 98

在图 99 中，这些字母都是用直线画出来的。

图 99

在图 100 中，曲线是一些沿着逐渐变细的黑色条带所画出的许多圆圈，却呈现出螺旋形的既视感。这点很容易证明。

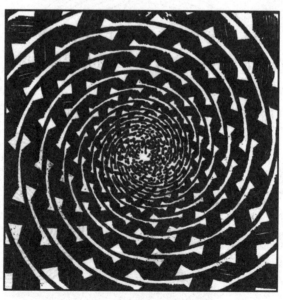

图 100

在图 101 中，曲线是圆形的，但看上去却像是椭圆形的。这个用圆规测量一下就能确认。

图 101

13 照相凸版印刷错觉

如图 102 所示，从较远的地方观察，能看出来这是一个女人的眼睛和鼻子。

这个图像是照相凸版印刷，即普通的书本插图放大 10 倍之后的效果。

图 102

如图103所示，看上去上方的人影比下方的大，但其实他们是一样大小的。

图 103

如图 104 所示，看上去 AB 的距离要比 AC 长，但事实上，它们等长。

图 104

如图 105 所示，把左边的图片举到与眼睛持平的位置，然后用目光在水平方向扫视，就能看到跟右图一样效果的风景。

图 105

如图 106 所示，闭上一只眼睛，只用一只眼睛盯着图中竖线延长线相交的地方，用余光看，会觉得看到了很多扎在纸上的大头针。左右移动这张图片，会觉得大头针好像在晃动。

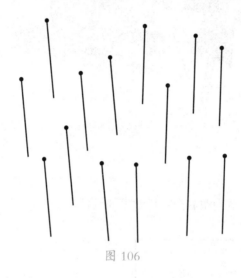

图 106

如图 107 所示，长时间观察图片，会觉得有两个立方体是凸出来的，你一会儿觉得是上面凸出来了，一会儿又觉得是下面凸出来了。你可以充分发挥想象力，想象出任意一个情形。

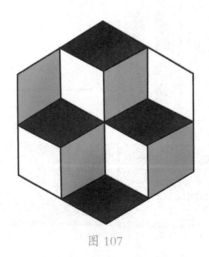

图 107

14 施勒德阶梯

观察图 108，你觉得是什么？可能有三种答案：楼梯、阶形凹槽、被折成扇子之后又展开的纸带。你可以随个人心意，让这些形象相互交替。

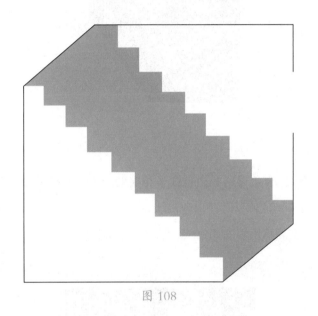

图 108

再观察图 109，也可以想象成三种形象：一种是缺了一块的长方体（A、B 就是缺了那部分的后壁）；第二种是一角长了一个小木块的长方体木块（A、B 面就是小木块的前壁）；第三种是一个开口向上的空箱子的一部分（一个底面和两个侧面）和一个紧贴箱子内壁的小木块。

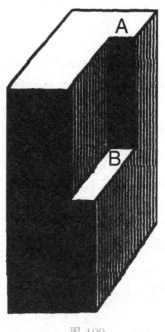

图 109

　　观察图 110，会觉得这些白色线条相交的地方，似乎有发黄的方形小点时隐时现。其实，这就只是些白色的线条。我们把要观察的白线周围的黑块都遮挡起来，就能清晰地看出白线。这是一种对比效应。

图 110

图 111 是图 110 的变式。在图 111 中，若隐若现的是黑色线条上的白色斑点。

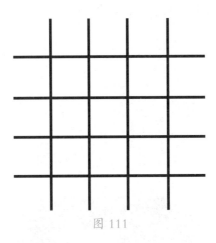

图 111

从远处观察图 112，觉得图中有 4 道条纹，看上去像凹槽。在和相邻更深条纹连接的地方，颜色看上去更浅。但是，如果遮住相邻的条纹，这样可以排除对比带来的干扰，那么就能观察到，每道条纹都是均匀的。

图 112

15 西尔维纳斯·汤普森错觉

如果转动书本，使图 113 旋转起来，那么，我们似乎看到中间的齿轮和周围的圆圈都围绕着各自的中心旋转起来。当然，旋转的方向和书本转动的方向是一致的。

图 113

如图 114 所示，观察左边的图，你会看到一个凸出的十字形，观察右边的图，你会看到一个凹陷的十字形。如果把书上下颠倒，再观察，就会发现两图的凹凸互换了，其实，左、右两边是一样的图，只是摆放的角度不同。

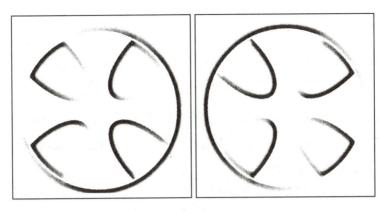

图 114

　　如图 115 所示，图中人物的眼睛和手指正对着我们，并跟随我们左右
移动。

图 115

　　我们在观察一些肖像画的时候也会有这种感觉：不管我们在哪个位置观

察，总能感觉到肖像正对着我们。有些神经敏感的人甚至会被这种现象吓到。甚至有些人认为这是一种超自然现象，进而产生了一些迷信的想法、传说和科幻小说。例如，果戈理的《肖像》。其实，这些视觉欺骗的原理非常简单。

除了肖像画，其他绘画作品也会有这种现象。例如，一门大炮，无论你站在画的左边，还是右边，都能看到炮口对着你。还有驶向观众的马车，你也会发现怎么躲都躲不过去。

所有这些现象的原因都很简单。如果我们看到画上的炮口正对着我们，当我们走向一边时，因为我们看到的是平面图像，所以会看到它还在原先的位置上。在实际生活中，只有将大炮炮口转向我们的时候，才会有这样的效果。因为在观察图像的时候，我们想象到的是真实的事物，所以才会有事物位置改变了的错觉。

肖像是同样的道理。如果肖像被画成面部和眼睛都正对着观众的样子，不管观众走到哪一边，在看肖像的时候仍然发现他的面部正对着观众。尤其是当肖像画得非常逼真的时候，效果更明显。

读到这里，你应该明白肖像的这个特征并没有什么神秘之处。相反，如果没有这个特征，反而会让人觉得非常意外。如果我们走到了肖像的侧面，不能看到人脸的侧面，那是不是太荒谬了？而其实那些认为肖像会动的人，期待的就是这种荒谬。

小贴士

视觉错觉在艺术、技术及军事应用上都有着积极的作用。如电影摄制中用移动布景的方法造成交通工具的运行，又如汽车、飞机、宇宙航行等供训练驾驶员的模拟装置，还有军事上的各种伪装以及按形体设计的服装、花色的匹配等，都和视觉错觉有着一定关系。

1 绕地球一圈的火车

我和动脑筋博士的相遇是在火车上。

那天事情的经过是这样的：

　　我们坐的火车行驶在路上，遇到了一段斜坡，机车拼尽所有动力，也不能向上行进一步。人们找来另外一辆车，从后面推火车。后面车的头部顶着前面车的尾部，然后它们同时开足马力向前行去，在这样的推动下，火车缓缓开始向上行驶。

"这还真有趣，"谢敏诺夫说，"你能猜出这列火车有多长吗？"

"这太简单了。每节车厢长 7 米，火车共有 20 个车厢，那么火车长 140 米。"我答道。

"如果有一列火车，很长很长，可以绕地球一圈，火车的头和尾刚好能接在一起。那么，我们可以说是机车在前面拉着火车走，也可以说是机车在后面推着火车走。这样可以绕地球一圈的火车当然非常长，你能算出来需要多少辆车子吗？"

"这个当然知道了，很好算的。"我答道，"物理课上老师讲过，地球圆周长的 $\frac{1}{4\,000\,000}$ 的长度就是 1 米。假如每节车厢的长度是 7 米，那么用 4 000 000 除以 7……"

　　此时，火车开进了一个山洞，山洞里漆黑一片，感觉就像是在驶进地心。突然，黑暗中传来幽幽的声音："需要用两个机车才能使火车上坡，但是，一个机车在前面拖，一个在后面推，拖的时候会把各车间的铁链子扯紧，推的时候会使铁链松动。这样的话，两股力量刚好抵消，那么，为什么列车却开始顺着坡行驶了呢？"

"可不就是这样嘛。但是为什么会这样呢？"我想。

谢敏诺夫心中肯定也有这个疑惑。当列车驶出山洞，光明又一次来到我们眼前时，我们不约而同地环视四周，寻找刚才说话的人。

我们看到一个满头银发的小老头坐在旁边的位子上，他正在看一份报纸。窗外吹进阵阵微风，他的银发随风摇曳。他戴着一副旧眼镜，眼镜的一条腿已经坏了，用一根鞋带绑在耳朵上。眼镜戴得很低，挂在鼻头上，似乎快要滑下来了。

他好像就是刚才黑暗中提出问题的人。也有可能不是他。

"有道理，苏尔卡，按照这样的说法，那前后两个机车在互相妨碍，并没有起到作用？"谢敏诺夫说。

"为什么是互相妨碍呢？"

"道理很简单，前面的机车要想拖动火车，需要把各节车厢间连接处的铁链都扯紧。对吧？"

"是这样的。"

"而后面的机车要想推动火车，需要先使火车相邻的两节车厢彼此接触，也就是说，铁链是松弛的。对吧？"

我们两个人都沉默不语。我在努力思考这个问题的答案，可是一无所获。

"这真奇怪。"我说，"如果铁链是紧绷着的，那么后面的机车不会起到推的作用，反而会妨碍前面的机车。如果铁链是松弛着的，那么前面的机车不会起到拉的作用，反而会妨碍后面的机车。总之，不管铁链是什么状态，总有一个机车没有起到正面作用，甚至会有负面作用。"

"如果是这样的话，那么为什么要在后面加一个机车，这不是添麻烦吗？"谢敏诺夫问，"但是，又为什么，在只有一辆车在前面拖的时候火车不会爬坡，再在后面加一辆推的机车，火车就能向上行驶了呢？"

整整一个小时的时间，我们都在为这个问题动脑筋。但是仍然毫无头绪。小老头依旧是那副姿态，低头看报，眼镜滑落得更低了。

"你听我讲，苏尔卡。"谢敏诺夫说，"如果有一列非常长的火车能绕地球一圈，火车的头尾相接（图116），情形将与此相同。那么，当时的情况会是这样的：机车托着前面的车厢，拉紧铁链；同时，又推着后面的车厢，使得铁链松弛。"

图 116

"怎么会有后面的车厢呢？后面的车厢不是刚好也在机车的前面吗？"我理不清楚了。

此时，小老头抬起头，冲我们一笑，用明亮而愉快的眼神看着我们。

"对的，就是这样的思路。孩子们，继续思考下去，你们很快就会弄明白这其中的道理了。"

"请您给我们讲一下好吗？"谢敏诺夫请求道。

"这可不行。我不会这样做的。正因为这样，大家才叫我动脑筋博士。"

他停顿了一会儿，冲我们微微一笑。

"我小时候曾经学过拉丁文，"他说，"拉丁文的字句有时候会很难弄明白，正好有一个朋友送了我一把'钥匙'，是一本小册子，里面翻译得很清楚，我如获珍宝。有一次，老师出了一道题，很难的一道题，我正准备参考那本册子一字一行地抄下来。突然，老师出现在我的后面，他拿去了我的册子，并用全班人都能听到的声音对我说：'孩子，你要记得我说的话，只有不愿自己动脑筋思考的人才用这种钥匙。'说完，他又把小册子还给了我。然后走了。但是这件事使我终生难忘。孩子们，难道你们需要这种钥匙吗？"

我和谢敏诺夫异口同声地回答道："不需要。"

"这才对，孩子们。"动脑筋博士说，"等你们想到答案的时候，可以寄给我。我会给你们回信，告诉你们答案是否正确，同时，寄一个更难一些的题目给你们。这是我的收信地址。也欢迎你们有空的时候到我那里做客。我每天都有很多有趣的动脑筋题目。"

火车到了他要下车的那一站。他摘掉眼镜，把它放到眼镜盒里，跟我们握手道别之后就下车了。火车已经爬完了坡，后面的机车也被拆了下来。但是，那个问题仍然困扰着我们两个，前后两个机车，一个拖一个推，到底是怎么样的道理？同时，我们还对新朋友动脑筋博士有浓厚的兴趣。

【解】"亲爱的动脑筋博士！我们已经想明白为什么前面机车拉，后面机车推不会互相妨碍了。现在把答案寄给你。"

回答这个问题需要这样思考："把列车分成两段，前半段在前面的机车的拉动下向前运动，所以各车厢间的铁链是拉紧的；后半段在后面机车的推动下向前运动，所以各车厢是相互接触的，而车厢间的铁链是松弛的。"

夏令营的时候，刚好有这样的一列火车跟我们乘坐的车平行行驶。它的两头有一个推的一个拉的机车。我们观察了一个多小时，刚开始是前面12节车厢被前面的机车拉着，后面10节车厢被后面的机车推着；后来发生了改变，前9节车厢被拉着，后13节车厢被推着。其实，列车中间总有几节车厢是"脚踏两条船"的，一会儿被前面的机车拉着，一会儿被后面的机车推着。我的伙伴谢敏诺夫把这种状态的车厢叫作"中立派"。他很骄傲自己能取出这么高雅的名字。

2 一对生产好手

后来，我们去了海边度假。邮递员来的那一天，所有孩子们都挤在派发邮件的小窗口旁边，等待自己的信件。邮递员先是把挂号信、汇款通知单、电报等交给了邮件组的组长。然后在山坡上，拿出一个装有信件的袋子，一封封地喊收信人的名字。当时，我听到了很多奇怪的名字。

"卡普司特金！奥古尔错夫！彼得！……"

太阳炙烤着大地。尽管我们都穿着鞋子，仍然觉得脚下的沙子烫得脚难以忍受。

"会不会没有我们的信呢？"

"谢敏诺夫！"终于等到邮递员喊到我们的信了。

我飞快地冲过去，一把接过信。我们找到一个树荫下，迫不及待地拆开信。正如我们期待的那样，这是动脑筋博士写给我们的信。

孩子们，最近还好吗？我已经收到了你们寄来的两个机车一个拖一个推的问题答案。你们的答案是正确的。

这一个月，我都在乌拉尔旅行。我很喜欢旅行。今天我参观了一个大的钢铁厂，晚上，我有幸参加了厂里的半年工作总结会。大家都知道，厂里工作表现最好的是伊凡宁柯和米基金柯。去年的时候，大家都称赞他们是"一对好手"。他们每次生产出的钢材数量都一样，可想而知，他们之间的竞争是何等地激烈，简直难以形容。

去年7月份，伊凡宁柯每平方米炉底的产铁量增加了10吨，米基金柯保持了原有的产量，没有增加；8月份，伊凡宁柯又增加了10吨，而米基金柯居然一下子增加了20吨。在之后的一年中，两个人就这样好像闹着玩似的竞争着。伊凡宁柯每个月增加10吨，而米基金柯则每隔一个月增加 20 吨……

今天晚上的工作总结会，可真热闹。大家都很期待看看谁能获得最高荣誉。大家议论纷纷："两个人都要得奖。"

"这是当然了。大家公认的'一对好手'。"

一个人是每月增加 10 吨，另一个人是每隔 1 个月增加 20 吨，这样算起来，不就是一样多吗！

"肯定不一样。"我在心里想。

此时，我想到了你们，爱动脑筋的两个孩子。

怎么样，孩子们，你们觉得应该把奖颁给谁？是伊凡宁柯还是米基金柯？

我刚刚从会场回来，夜已深，马上给你们写了这封信。

祝你们健康！

动脑筋博士

我看了看谢敏诺夫。

"什么？"

"什么什么呀？肯定不会是两个一样。只有小孩子才会这么认为。当然了，两个人的工作成绩确实都不错。"

"但在我看来，却……"

此时，开饭的号音响起。我们一跃而起，向餐厅飞奔而去。我们比赛看谁能先坐到餐桌前。我们坐下来的时候，餐厅里的人看着我们笑了笑，好像他们知道我们刚才读的那封信的内容似的。对我们说："两个人都有。"

【解】 在竞赛期间，钢材产量最高的人，才是最优秀的钢铁工人。计算方法如下所示：

时间	产量（吨）	
	伊凡宁柯	米基金柯
1941.7	160	150
1941.8	170	170
1941.9	180	170
1941.10	190	190
1941.11	200	190
1941.12	210	210
1942.1	220	210
1942.2	230	230
1942.3	240	230
1942.4	250	250
1942.5	260	250
1942.6	270	270
12 个月合计	2580	2520

由上表可知，在过去的一年里，伊凡宁柯比米基金柯每平方米炉底的总产量多了 60 吨。

用一句话概括就是："每一个偶数的月份，两个人的产量是相同的，但是每个奇数月，伊凡宁柯比米基金柯多 10 吨。"

3 鸽子和货车驾驶员

我们从海边度假结束，回到了莫斯科。回来后的第一个周末，我们一起去了动脑筋博士家。

"不着急。"谢敏诺夫说，"你给博士准备了动脑筋的题目了吗？"

"什么题目？"

"你不记得了吗？上次我们答应给他出一个他不能回答的题目。"

"你准备了吗？"

"准备了。"

"哈哈，我也准备了。也就是说，今天我们可以给他出两个题目。"

我们推开门，看到了很滑稽的一幕：房间的天花板上挂着一个孩子们睡觉用的摇床。动脑筋博士就躺在里面，两条腿悬在外面，摇床荡来荡去。看到此情此景，我们忍不住笑弯了腰。

"哈哈，欢迎你们的到来。"动脑筋博士喊道，"我忙了一早上，现在觉得很疲惫。来，我给你们介绍，这是我的孙女——阿丽法。"

此时，我们才注意到，屋子的一个角落的打字机前，有一个小女孩正在打字，她看上去比我们大一两岁。

"孩子们，过来帮帮我，我要下去。我的手脚不听使唤了。"坐在这里面可远没有想象的那么简单：为什么悬空的腿能够使得摇床左右晃动？"对了，小朋友们，你们不是答应给我一个新的动脑筋的题目吗？"

"下次我们再谈论题目吧。今天您应该很累了。"谢敏诺夫说。

"你们的题目跟摇床相关吗？"动脑筋博士盯着自己的双手，他的双手因为晃动摇床而磨出了水泡。

"不是，我想问一个关于汽车的问题。"我说。

"我的问题是关于鸽子的。"谢敏诺夫说。

"很好。你们问吧。"

我们两个争先恐后地说道。

"假如有一辆装满货物的汽车……"我说。

"假如有一节装有货物的火车……"谢敏诺夫说。

"行驶在沙漠中……"我继续说。

"里面装满很多笼鸽子……"谢敏诺夫继续说。

"安静，安静！"动脑筋博士和阿丽法一起说道。

"好吧，让你先说。"我对着谢敏诺夫说。

"嗯，我先说。假如一节车厢里装满了笼子，笼子里面装满了鸽子。"

"一车都是鸽子？"

"是的。而且车厢是完全密闭的，空气不流通。"

"啊？这样的话，鸽子不会被闷死吗？"阿丽法问道。

谢敏诺夫显然被问住了。

"这个不重要。我们可以假定鸽子们不会被闷死。"动脑筋博士帮谢敏诺夫回答道。

"现在，假如所有的鸽子都飞起来了，此时车厢的重量跟鸽子没有飞起来之前一样吗（图117）？"

图 117

"为什么不一样呢？"阿丽法质疑道。

"这需要问为什么吗？假如一只苍蝇落在你的鼻子上，你是不是会觉得'压力'呢？"

"是有一点痒痒的。"

动脑筋博士听了我们的对话后笑了。他把眼镜取了下来。

"白跟你说了，我的意思是，苍蝇会在你的鼻子上施加'压力'，对吧？"

"呃，是的吧。"阿丽法并不是十分肯定。

"如果苍蝇飞走了，那么压力是不是就不存在了？"

"不存在了吧。"

"这就是了。车厢里的鸽子也是一样的道理。"

阿丽法向动脑筋博士望去。博士却向她挤了挤眼。

"我觉得车厢的重量一定发生了改变。当鸽子都飞起来的时候，车厢应该会变轻。"阿丽法说。

"但是，你忘记了很关键的一点，车厢是密闭的。"动脑筋博士说道。

"车厢密闭与否，有关系吗？"

"你再想想，鸽子一直都是在车厢里呢。"

"但是鸽子已经飞在了空中。"

"空气不也在车厢中吗？记住，车厢可是密闭的。好啦，我年轻的朋友，谢敏诺夫，这个问题就交给阿丽法来回答了。有没有更难的问题需要我来回答？"

"嗨，你的'汽车'是什么问题？"

我心里暗暗想着，他真的能马上找到我问题的答案吗？

我一边想，一边说："有一辆装有货物的汽车，行驶在沙漠中。有一条河流在它右侧 2 千米处的地方。河的流向与汽车的行驶方向平行。在河流左侧 1 千米，卡车前面某处，有一架飞机停在那里，等着汽车运来汽油和水。汽车需要先到河边取水，然后到飞机停靠的地方。驾驶员怎样才能走最短的路程呢（图 118）？"

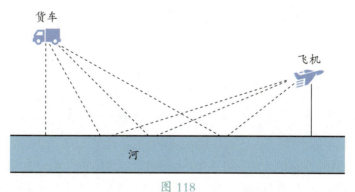

图 118

动脑筋博士习惯画示意图来帮助思考问题。他觉得图可以帮很多的忙。看，他已经画好这幅图了。

一分钟之后，他脸上露出了微笑。

"这道题太简单了，苏尔卡。"

我看到他在图上加了一条线，就知道他已经找到了答案。

【解】 一节装满鸽子的密闭车厢，它的重量包括三部分：车厢本身的重量、车厢内空气的重量、鸽子的重量。因此，不管鸽子飞起来还是落在车厢上，这三部分重量之和是不会发生改变的。

【解】 在动脑筋博士所画的图中（图 119），折线 ABC 和线段 AD 长度相等。驾驶员开车去 B 点取水，这样行驶的路线最短。

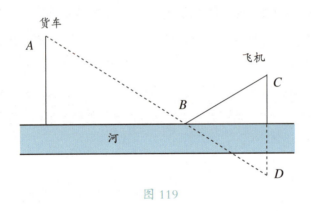

图 119

4 不成体系的大学问——逻辑问题

动脑筋博士对我们喊道："苏尔卡，过来，到我这儿来。还有谢敏诺夫、阿丽法，你们都到我这里来。给你们看样东西。"

我们三个都走到他那里去。只见他从口袋里掏出了两根粉笔。

他说:"我们来玩个游戏。我这里有两种颜色的粉笔,一种是白色的,另一种是绿色的。你们三个人背靠背站在一起。我会在你们每个人的额头上用一种颜色的粉笔画一条线。当我喊了'一、二、三'之后,你们马上转过身来,面对面地站着。这样,每个人都能看到另外两个人额头上的粉笔颜色。当你看到别人额头上是绿色的线,那你就需要把手举起来。接着当你能说出自己的头上颜色线的时候,就把手放下来。游戏规则大家听明白了吗?"

"听明白了。"

"那我们开始吧。"

博士在我们的额头上画好了线之后,喊道:"一、二、三。"

博士的声音刚落,我们迅速转过头。我看到他们两个人头上都是绿色的线,于是我把手举了起来。但当我看到他们两个人都举起手的时候,我又把手放下了。

"我的额头上的线是绿色的。"我说。

"你怎么知道的呢?"动脑筋博士问道。

"这很好猜。刚转过身来,我看到他们两个额头上的线条都是绿色的。然后我想,假如我的线条是白色的,那么谢敏诺夫就会放下手,因为他猜到他自己的额头上是绿色的。阿丽法正是因为看到了他额头上的绿色,所以她举起了手。然而他并没有放下手。可以猜出来,谢敏诺夫并不知道阿丽法是因为谁额头上的绿线举手的。因此我的额头上也是绿色的。怎么样,很简单吧?"

动脑筋博士抚掌而笑。

"真是一个聪明的孩子。这应该算是一道很难的题目。这是一道逻辑题目。"动脑筋博士说道。

"逻辑?"谢敏诺夫疑惑地问道。

"逻辑是什么意思呢?"阿丽法问道。

"逻辑是一种正确的思考方法。逻辑学是教会人如何去思考的一种科学。"动脑筋博士说道。

"正确思考?这是当然的,我们对每个问题都要正确地去思考。"我说。

"是的。我们把数学上的问题叫作数学问题;把用力学知识才能解答的问题,叫作力学问题。至于一些不需要成体系的大学问、可以动脑就可以解决的问题,我们就把它叫作逻辑题目。"

"如果这样就叫逻辑题目的话,那么我这里也有一个。"谢敏诺夫兴奋地说道。

"说出来听听。我不需要你们请我吃好吃的,只需要给我多出点这样的题目就可以了。"博士说道。

"我希望这些题目的答案能够马上知道。"阿丽法用恳求的语气说道。

"好的,没问题,马上就会有答案。"谢敏诺夫对阿丽法说。

【解】 动脑筋博士说:"你们有没有发现这个题目有一个破绽。苏尔卡之所以能猜到他额头上的线是绿色的,是因为谢敏诺夫没有马上猜出自己额头上也是绿色的而把手放下来。假如谢敏诺夫先猜出来并把手放了下来,那么苏尔卡就会误以为自己额头上的线条是白色的。"

5 情报分析员

谢敏诺夫又讲了一道题:"去年的时候,我们少先队举行了一次野营。我们进行了一次军事游戏。一共从司令部驶出了五部脚踏车,科远、多远、娜佳、雪丽莎和娃霞分别骑了一辆。而我则留在司令部里分析他们发回来的消息。过一会儿,一只鸽子带回来了一只纸筒。纸筒里装了五份消息:

第二个到达的是雪丽莎。很不走运,因为我的车胎气不够了,所以我只拿了第三名。——科远

我成功啦,我是第一个到达目的地的。第二个到达的是娜佳。——多远

我是第三个到达的。多远的运气最差,他是最后一名。——娜佳

我是第二名，娃霞倒数第二名。——雪丽莎

倒霉透了，我是第四名，第一名是科远。——娃霞

当时，看到这些报告，我完全是一头雾水。5份报告描述的结果差别太大了。有的说科远是第一名，有的却说多远是第一名；有的说娜佳是第二名，有的却说雪丽莎是第二名。这种状况让我困惑了很久，后来我懂了：每个人发回来的消息里面，只有一条是真的，其他的都是假的。他们是故意逗我玩的。"

"那么，你最后发现真相了吗？"动脑筋博士问道。

"当然想到了。这难不倒我。我这个情报分析员可不是个摆设。"谢敏诺夫骄傲地回答道。

小老头戴着闪闪发光的眼镜，搓着手，在屋子里走来走去。看得出来，他对这个问题很感兴趣。然后他坐了下来，把这5份消息写了下来。接着又自言自语了一会儿，最后他开心地笑了。

"我找到答案了，孩子们，说娃霞是第四名的报告有两份。如果这个信息是错的，那么第二名应该是雪丽莎，第一名是科远。如果科远是第一名，那么，多远说自己是第一名就是假的；那么，科远说娜佳是第二名就是真的。但是这样的话，娜佳和雪丽莎都是第二名，显然是不可能的。因此，娃霞是第四名必为真。那么，雪丽莎一定不是第二名。科远的报告中说自己是第三名是真实情况。娜佳说自己是第三名是假的，则她说多远是最后一名就是真。那么，多远说自己是第一名就是假的，则他说娜佳是第二名是真的。思考到现在，除了雪丽莎，其他人的名次都有了。当然，根据其他人的名次就能推出，雪丽莎是第一名。你们看，这样对吗？"

"您说得太快了。我没有跟上您的思路。那么，您最终的答案是什么？"谢敏诺夫说。

"我觉得第一名是雪丽莎，第二名是娜佳，第三名是科远，第四名是娃霞，最后一名是多远。对吧？"博士说道。

"对的，对的。"谢敏诺夫连连回应。我们都被博士的答题速度所折服。

【解】"从其他人开始，也能得到答案吗？"

"这当然了，我们从科远开始试试。"

阿丽法一边思考，一边嘀咕着。

"如果科远说自己是第三名是真的，那么，雪丽莎第二名和娜佳第三名就都是假的。多远是最后一名就是真的。但是，多远自己说他是第一名就是假的，多远说娜佳是第二名就是真的。至于娃霞，如果科远不是第一名，那么娃霞是第四名就是真的。就剩下雪丽莎了，当然就是第一名。是的，这样的推算是正确的。"

6 我姐姐急着去看演出

下面我给大家出一道很简单的题目。三个人坐在一条小船上，小船顺水而漂。三个人，一个看不见，一个听不见，还有一个睡着的，既看不见也听不见。

小船在远离岸边处漂荡。突然，有人在岸边开枪，视障听到了枪声；听障看到了枪口的青烟；而睡着的那位也醒来了，因为子弹擦着他的鼻子过去了。

我要问的是："三个人是谁先发现岸上有人开枪的？"

这个问题相信大家都知道正确答案。在这里我就不多说了。

今天我想说的是，我发现一道有趣的题目，在人群中的传播速度，比声音的传播速度、光的传播速度、子弹的运动速度都要快得多。你相信吗？

今天一大早，谢敏诺夫就来到了我家。

"你还没有起床呢！"他对我说："快，你穿着衣服，听我叙述一道题目。昨天晚上，我的姐姐急着去看演出。她总共有 7 只白色的袜子，8 只黑色的袜子，这些袜子都乱七八糟地在一个柜子里放着。屋子里的灯坏了，一时间又找不到火柴和蜡烛。剧院演出的时间就要到了，匆忙间她抓了一把袜子去叔叔房间。叔叔正在房间里点着灯看书。我的问题是，姐姐要抓几只袜子，才能保证里面至少有两只颜色是一样的？"说完问题，他就走了。

然后，我一边穿衣服，一边思考谢敏诺夫的问题。起床之后，我飞奔到隔壁的谢敏诺夫家，想把我的答案说给他听，看对不对。但是谢敏诺夫这会儿不在家。我赶紧向学校跑去。路上碰到了动脑筋博士的孙女——阿丽法和蓓达。

"阿丽法！蓓达！"我冲她们喊道，"我的姐姐……"

"急着去看演出！"她们两个一起接下我的话。

"呃？难道你们已经知道了这个题目？你们的爷爷是不是也知道了呢？"

"我们从家里出来有10分钟了。爷爷应该还不知道这个题目。"

我迫不及待地给老先生打了个电话，想尽快告诉他这个题目。

"博士您好，又有一个有趣的题目。"我兴奋地说道，"我的姐姐……"

"急着去看演出！"他很自然地就接下了我的话。

我挂了电话，飞快地奔跑着去追赶阿丽法和蓓达。追赶的过程中，我觉得她们今天走得格外快。最后，我在她们之前到达了学校。

一进教室，我就对同学们喊道："同学们，今天我给大家带来了一道新题目：我的姐姐……"

"急着去看演出。"同学们异口同声地接着我的话。

"姐姐的柜子里……"我加大声音，想要压过他们的声音。

"有许多袜子！"同学们很自然地又接上了我的话。

我的话还没有说完，大家却连答案都知道了。这是怎么回事？是谢敏诺夫早到了，给大家说了吗？不是的，谢敏诺夫今天迟到了。地理课都开始了十分钟，教室里一片寂静，他才悄悄进到教室。

"天啊！居然全都知道了。"他说，"题目的传播速度居然这么快，似乎全世界都知道了。晚上回去姐姐该埋怨我了。"

【解】 姐姐只要拿三只袜子，里面一定至少有 2 只颜色是一样的。

7 动脑筋竞赛

听了我们的"新发现"之后，动脑筋博士忍俊不禁。

"我有个想法，孩子们，我们可以在《少年真理报》上开辟一个竞赛专栏。在《少年真理报》众多的读者中，肯定会有一些人不知道类似姐姐需要拿几只袜子这样问题的答案。我们应该让更多的小朋友开动脑筋。"

我们都赞同博士的提议。之后，我们一起来到了《少年真理报》报社。

报社的编辑说，要开专栏，需要有题目。问我们有没有想好的题目给他看看。

"我的姐姐……"谢敏诺夫马上说。

"急着去看演出……"我赶紧接着他的话。

"姐姐的柜子里……"谢敏诺夫说。

"有许多袜子！"我接着说。

据我观察，编辑先生并没有听过这个题目。考虑到编辑先生很忙，谢敏诺夫让我一个人来向编辑先生叙述这个题目。15分钟内，我们搞定了专栏的事情。编辑先生决定请动脑筋博士来担任义务指导员，我和谢敏诺夫负责拆阅参赛者寄过来的答案。

"刚开始，题目要简单些，"编辑先生建议道，"'我的姐姐'这道题下次再用，好不好？"

一周后，我们收到了一份《少年真理报》。最后一版，有个精致的方框，里面印着"动脑筋竞赛"的第一个题目。

"甲乙两城，相距4千米。"

"火车全长1千米。火车从甲城驶向乙城。列车长在火车最后一节车厢驶出甲城的时候跳上了火车，然后穿过整个火车，走向机车。当火车刚好驶进乙城的时候，列车长刚好走到了机车上。"

"请小朋友们开动脑筋想一想，在这个过程中，列车长一共乘车走了多远，徒步行走了多远？"

【解】 列车长徒步行走了整个火车的长度，也就是 1 千米。整个过程中，他共运动了 4 千米。所以，他乘车走了 3 千米。

如果列车长先在铁轨上步行 1 千米，然后再跳上机车，也就是火车的最前面，那么，这个问题的答案一样。只不过这样的话，题目就太简单了。

8 既容易又难

现在，我有空的时候，就会去动脑筋博士那里。动脑筋博士对《少年真理报》兴趣浓厚，他的态度很认真。

"你知道吗？苏尔卡。每个孩子都是不一样的。有些孩子希望题目简单些，有一些孩子却希望题目难一些。我们出的题目要尽可能适应所有人的口味。我自己呢，就喜欢做一些看起来很难，但解答起来却很容易的题目。这种题目常常会给人无从下手的感觉。"

"是呀，会有这样的题目，自己做的时候毫无头绪，但是当别人把答案告诉你的时候，你就会懊恼万分，怎么这么简单，我自己都想不到呢。"我对博士的看法表示赞同。

"下面我就给你一个这样的题目，你一定会觉得题目很简单，但是呢，你就想不出解答的方法来。来，帮我拿一支铅笔，我画一幅图给你看看。"动脑筋博士对我说道。

他画了下面的图（图 120）。

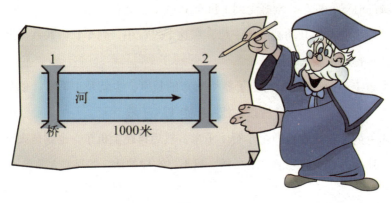

图 120

"这里有一条河,河水的流向如图箭头所示。河上有两座桥,两桥之间的距离是 1 000 米。在第一座桥上,游泳健将跳下水的瞬间丢下去一块小木片。小木片沿着河水的流向,顺流而下。而游泳健将,他先逆水游了10 分钟,然后才转过头顺流而下,追赶木片。以后,游泳健将和小木片,同时到达了第二座桥下。我的问题是:水流的速度是多少? 游泳健将的游泳速度又是多少? "

我绞尽脑汁整整思考了一个下午,但是仍然没有找到解题的方法,这让我很苦恼。

博士笑呵呵地对我说:"怎么样,我年轻的朋友,我说过了,这道题看似简单,但是就是找不到解题的方法,对吧? 我们来做一个假设,假设木片上有一只高度近视的苍蝇,它既看不到岸,也感觉不到水流。这感觉跟我们觉察不到地球在转动是一样的道理。这样的话,这只苍蝇就会觉得它坐在一个静止的木片上,而远方有一座桥正向它靠近。同时它也会觉得游泳健将是在静止的水中游动。"

"我们从这只静止的苍蝇的观点讨论问题。在它眼中,水是静止的,而两座桥则以河水流动的速度向相反的方向移动着。刚开始它觉得游泳健将和它越来越远,后来又会觉得游泳健将和它越来越近,最终在第二座桥下相遇。"

"根据这个假设，题目就会简单得多。游泳健将在静止的水中向远离苍蝇的方向游了 10 分钟，再次回到苍蝇这里也需要 10 分钟。总共游了 20 分钟。这样可以推算出桥移动的速度是每分钟 50 米。也就是水流的速度。"

"游泳健将的速度怎么算出来呢？"我问道。

"不管游泳健将以什么样的速度游动，结果都是一样的。不信的话，你可以假定任意数值。"

我觉得这个题目太赞了，于是我想把它也列到《少年真理报》的专栏里去。但是博士不同意。

"我觉得这样的题目不太合适。我们的专栏不会告诉大家答案，而是让参赛的人把答案寄过来。这样的题目，如果知道解题方法，那么就很简单。你如果不知道解题思路，就会觉得无从下手。我们用两条铁棒的那道题吧。"

"两条铁棒是哪道题？我怎么没有听说过呢？"

【解】 后来我把这道关于游泳健将和木片的题目，讲给了学校的代数老师彼得先生听。彼得先生对动脑筋博士的解答方法非常感兴趣。他强烈要求我们把动脑筋博士介绍给他认识。他认为一定可以从动脑筋博士那里学到很多有用的东西。

接下来他用代数方法解答了这个题目。

他走到讲台上，在黑板上写下了这个公式：

$$A \xrightarrow{\text{1 000 米}} B$$

第一座桥用 A 来代表，第二座桥用 B 来代表。我是从 A 流向 B。我们假设游泳健将的游泳速度大于水流的速度。游泳健将逆流游了 10 分钟之后到达 A 点左方某处的 C 点上。

$$C\cdots\cdots A \xrightarrow{\text{1 000 米}} B$$

设水流的速度为 v，游泳健将的速度为 p（每分钟移动的米数）。

游泳健将从 A 到 C 的速度是 $p-v$，时间是 10 分钟，也就是说

A 点到 C 点的距离是 10（$p-v$）：

$$AC=10（p-v）$$

C 点到 B 点的距离比 C 点到 A 点的距离长 1 000 米，即 $CB=10$ （$p-v$）+1 000。

从 C 点到 B 点，游泳健将的速度是 $p+v$。因此，他从 C 点到 B 点的时间为 $\dfrac{CB}{p+v}$ 分钟，即 $\dfrac{10(p-v)+1\,000}{p+v}$ 分钟。

游泳健将两次遇见木片，中间到底隔了多久呢？他先逆流游了 10 分钟，然后顺流游了 $\dfrac{10(p-v)+1\,000}{p+v}$ 分钟。总共时间是 $10+\dfrac{10(p-v)+1\,000}{p+v}$ 分钟。

接下来，我们说说木片。木片在水里顺流漂浮了 1000 米，速度为 v。那么，时间是 1000/v 分钟。根据题意可知，木片和游泳健将所花费的时间是相等的。故有 $10+\dfrac{10(p-v)+1\,000}{p+v}=\dfrac{1\,000}{v}$。

"现在，大家来计算一下这个方程。先通分，然后消去分母，开括号。"大家低头奋笔疾书。10 分钟之后，有几个同学举起了手。

"大家都算完了吗？"彼得先生问道，"茹拉芙科娃，怎么样，你的答案是？"

"我化简到最后的方程式有两个未知数。"她走到讲台上，在黑板上写下了自己的答案。

$$20pv=1\,000p$$

"现在该怎么办呢？如果我把 p 消去，可以算出水流的速度 v。但是永远也得不到 p 的值了。"

"好吧，你先把 v 值算出来。p 的值，我们接下来再讨论。"

茹拉芙科娃写道：

$$20pv=1\,000p$$

$$20v=1\,000$$

$$v=\frac{1\,000}{20}=50\ \text{米}/\text{分钟}$$

"河水的速度是每分钟 50 米。小木片也是这个速度。但是，游泳健将的速度是多少呢？"

"游泳健将的速度可以是任意值。"彼得先生说道，"从我们化简得到的方程就能看明白，如果 $v=50$，不管 p 为何值，方程都成立。"

此时，下课铃响了。

谢敏诺夫还在出神地思考着。彼得先生走到他旁边时，他向彼得先生问道："彼得先生，在我们计算开始的时候，不是假设游泳健将的速度比水流的速度要快吗？游泳健将的速度真的可以是任意值吗？"

"你的这个问题很好！"彼得先生愉快地说，"你可以假设 v 大于 p，再计算一下，结果是否一样。"

9 铁棒与磁石

动脑筋博士冲我眨了眨眼，我看到他打开办公室的一个抽屉，拿出了两条如图 121 所示的铁棒。

"磁石！"我一看立马喊道。

博士看着我说道："你要永远牢记这句话，在没有充分的论证之前，永远不要武断地给一个东西下定论。这两条铁棒虽然都涂抹了磁石常见的颜色——一段是红色的，另一段是蓝色的，但是其实只有一条是磁石，另外一条是普通的铁棒。"

图 121

"哪一条是磁石呢？"我问道。

刚好我发现了办公桌上有一个盒子，里面装满了大头针。

"鬼精灵的孩子。用大头针的方法是三岁小孩的把戏，这个方法太简单了，只要能把大头针吸起来的就是磁石。但是我还是希望你能动脑筋想一想。你只能拿着两个铁棒，不准借助其他的东西。另外，你只能握着两个铁棒，不能把它们挂起来测试南北极。"

"要是这样的话，应该怎么办呢？怎么样才能知道哪一条是磁石呢？"我又陷入了困惑。

这时他们三个刚好从报社回来。他们的到来打断了我的思路。

"你们猜猜我们收到了多少封信？"

"参加专栏比赛的读者来信。"

"100封。"我说。

"200封。"博士说。

他们欢呼雀跃,说道:"15 000封!"

【解】 磁石的吸引力是两头强,往中间逐步减弱,正中间完全没有吸力。如图122所示,用棒1靠近棒2的中间,如果有吸力,则棒1是磁石;如果吸不住,则棒2才是磁石。

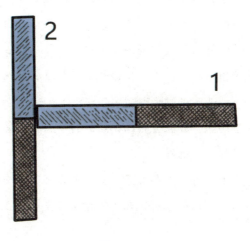

图 122

10 种树问题

拆阅读者回信真是一件有趣的事。很多读者回信上,都写着前两个问题的答案。满眼都是"我的姐姐""我的姐姐""袜子""袜子""两双""三双""四双"……

当然也有读者寄新的题目给我们。动脑筋博士坐在那堆信前面,用手支着脑袋专心致志地一封一封地拆阅。他一直都是这样,这些信必须等他先看完才允许别人碰。动脑筋博士一边看，一边喉咙里发出满足的轻微的咳声。

突然他冲我们叫了起来，手里晃着一封信。"你们快来看呀，这有一个很好的题目，真是太好了。一定要把它发表在我们的专栏里。这封信是从斯大林诺果尔斯克寄过来的，这是一个新建的城市。哈丽法！蓓达！不着急做午饭，我们先来看看这个题目吧，这是一道很好的题目，它的名字叫'种树问题'。"

即使我们住在城市里，我们依然想要每天都可以享受树林。我们这里是一个新建设的城市，有一条新建的马路，但是马路上没有一棵树。我们打算绿化我们的城市街道。虽然不能成为树林，但是看到一排排的树木也能使人心情愉悦。你知道菩提树吧，它的花是多么的香呀。种满菩提树的街道该有多么迷人呀。

我们分了两组，我在夏伯阳小组，科斯嘉在基洛夫小组。我们两个小组植树都是一把好手。

前一天晚上，我们准备好了工具，也分好了每个小组种树的位置。南边的树，我们组来种，北边的树基洛夫小组去种。每隔三米种一棵树。

"我们拭目以待，看谁会胜利。"我们组说。

科斯嘉傲慢地说："你们怎么可能会赢呢！"

我们组也很自信，他们组确实也都是植树的好手，但是跟我们相比还是差了一点。

其实我们说好八点开始。但是我在七点钟的时候就把我的组员都集齐了。我们 7 点半到了马路上。结果却发现他们组已经种好了 3 棵树。

"哈哈，上当了吧！"科斯嘉得意地说道。

"哈哈，谢谢你科斯嘉，你们在我们这边种了 3 棵树。"我说。

"怎么会是你们的呢？"

"你不记得了吗？昨天晚上我们已经讲过了，马路南边的树我们来种，你们种的位置不正是南边吗？"

科斯嘉顿时急得涨红了脸。

"真是太糟糕了。就这样吧，反正我们还会追上你们的。"科斯嘉愤愤地说道。

科斯嘉带着自己的队员到了马路对面，然后大家就开始了紧张的种树比赛。

整个劳动的场面真是又紧张又热烈。

最后，当然是我们这边先种完了树，因为他们先帮我们种了3棵。

此时，我对我的组员们说："小伙伴们让我们来帮助一下基洛夫小组吧。"

我们带着欣赏的眼神，看了看马路南边，我们种得整整齐齐的菩提树，心里说不出的开心。

然后，我们组也来到基洛夫小组帮忙。先帮他们种了3棵，算是还清之前他们帮我们种的。之后，我们又帮他们在路的北边种了3棵树。我们种完了所有的树。

"看，虽然你们开始的早，但是还是我们先完成了任务。"我对基洛夫小组说。

"这有什么了不起的，不过是多种了3棵树罢了。"科斯嘉不服气地说道。

"为什么只多了3棵呢？我们分明帮你们种了6棵。"我说。

"但是我们也帮你们种了3棵。6-3就是3。"科斯嘉说。

然后，两个小组开始争执不休。我们小组坚持认为是多种了6棵，而基洛夫小组坚持认为是多种了3棵。

最后我们找到了一个警察，并把事情的经过告诉了他，希望他能帮我们判断一下到底是3棵，还是6棵。

动脑筋博士给我们念完了信。

"真好，真好，真是一道好题目。我想把它作为比赛的第三道题目。我想没有人反对吧？"动脑筋博士说道，"那我们算全票通过。"

【解】 警察问道："到得晚的那一组是哪一组，是夏伯阳小组吗？"

"是的。"

"我觉得是夏伯阳小组比基洛夫小组多种了 6 棵树。计算过程是这样的。假如马路每一边有 20 棵树。那么，夏伯阳小组种了自己这一边的 17 棵树后，又种了基洛夫小组那边的 6 棵树，一共种了 23 棵树。而基洛夫小组，在路的南边，也就是夏伯阳小组那边种了 3 棵树，在自己的这边种了 20-6=14 棵树。也就是说基洛夫小组总共种了 17 棵树。23-17=6，基洛夫小组比夏伯阳小组少种了 6 棵树。"

"但是，实际上，道路每边是有 80 棵树。"

"这个不影响。不管路边种多少棵树，结果都是一样的。"警察说。

谢敏诺夫显然对这个裁判的算法不满意。

他搬出了代数的方法：

"设道路每边的树有 n 棵。

"夏伯阳小组在自己这边种了 $n-3$ 棵树，在基洛夫小组那边种了 6 棵树。

"基洛夫小组在自己这边种了 $n-6$ 棵树，在夏伯阳小组那边种了 3 棵树。

"那么，夏伯阳小组总共种了 $n+3$ 棵树，基洛夫小组总共种了 $n-3$ 棵树。

"现在结果应该很清楚了，不论路边种多少棵树，夏伯阳小组都比基洛夫小组多种了 6 棵树。"

11 大西洋中的战舰与奖品

你猜，我们今天在哪里碰到动脑筋博士的？如果什么提示都不告诉你，你肯定猜不出来。给你两个信息：一是谢敏诺夫最近迷上了潜水艇模型的制造，制作模型需要一些铜管，这些铜管只有在运动器材店的打猎用具部才可以买到；二是动脑筋博士的两位孙女，在学校的溜冰竞赛中得了前两名。因此，博士打算送给她们漂亮的溜冰鞋作为奖品。

根据提示的这两条信息，现在你该可以猜出来，我们是在什么地方碰到博士的吧？

是的，就是在季那莫商店了。

我和谢敏诺夫刚一进门，就看到博士站在柜台前面情绪激昂地在辩论着什么，他的周围站着 6 个海军人——3 个船长和 3 个水兵。我们听到博士正在提高声音说道：

"一定是沉到海底，这是毫无疑问的。哈哈，我年轻的朋友们来了，刚好你们这有一个有趣的问题。海军朋友问，若是一艘战舰在大西洋中间沉下去，它是一直沉到海底呢，还是沉到某种深度后，受到海水密度的排挤而悬浮在半海中，永远都到不会到达海底呢？"

"我觉得不能到达海底，因为海底深处海水的密度很大。"我说。

"瞎说。我觉得肯定是沉到海底去了。"谢敏诺夫说。

大伙看到我们两个人持相反的观点，更是产生了兴趣。

"这下精彩了，让我们拭目以待谁说的是对的。"海军中一个身材不高、圆润脸庞的人说道。

"我提议，我们可以先把需要的东西买了，然后去对面的餐厅，坐下来慢慢讨论这个问题，你们觉得怎么样？"一个水手说。

"好吧，就这么决定了。"

我和谢敏诺夫买了铜管子，博士买了溜冰鞋，海员们买的东西可真多，有排球，有台球，还有小口径猎枪等。我们把东西都寄存在店里了，然后一起到了对面的餐厅。

急性子的谢敏诺夫，还没有吃一点东西，就滔滔不绝地向大家解释，他为什么认为大西洋中的沉船一定会沉到海底。

"怎样，我的解释是否正确？"他问动脑筋博士。

"你说的是对的，孩子！来，现在你给海军同志们出个较难的题目。"博士说道。

接下来，谢敏诺夫开始滔滔不绝地叙述："假设我是一个船长。船上共有 182 个船员。船在大海中行驶时遇到了飓风，在距离岸边 15 千米处失去

第五章 跟动脑筋博士一起动脑

189

了控制……"

他就这样，像拿着稿子念一样地叙述着。在他的叙述中杜撰了很多古怪的地名和各种数字。

最后，他说："我的问题是，船长的名字是什么？"

他这一套把戏在学校里大家都知道，玩起来就没什么劲。但在这里，海员朋友们可是第一次听说，这把他们逗得很开心。那个身材不高，圆润脸庞的海员甚至兴奋地跳上了椅子。

这位圆脸的海员是高鲁比。

"喂！"博士向他说，"现在轮到你出题了。"

"我早准备好了，"高鲁比笑呵呵地说，"我们先说好哈，如果我的题目太难，你们可不能埋怨我。如果你们两个小时内不能说出正确答案，那么就要爬到桌子下面去，学三声'公鸡叫'。"

高鲁比接着说他的题目："先给你们介绍一下，这大个子是彼得罗夫，这个小家伙是潘琴科，我是高鲁比。我们三个是三条船中每一条船的船员委员会的委员。三位船长分别是伊凡诺夫、菲力波夫、董司科依。我们需要采买很多奖品发给船上优秀的工作人员。采买费用情况是这样的：每一位船长所花费的钱，都比他的那只船的船员委员会的委员少花 63 个卢布，而且，我们每人所买的奖品数目，恰巧是他平均每种奖品所花的钱数（以卢布为单位）。另外，潘琴科比伊凡诺夫船长多买了 23 种奖品，彼得罗夫则比董司科依船长多买了 11 种。我的问题是，请你们猜：我们三个委员分别跟哪一位船长在同一条船上工作？"

"这信息量可真大。请再说一遍吧。"博士请求道。

高鲁比一边重述，博士一边认真地记录。而高鲁比马上拿出了表，放在桌子上。

博士刚开始是坐在椅子上沉思，后来就开始不安地转动椅子，喃喃自语道："潘琴科比伊凡诺夫多 23 种！彼得罗夫又比董司科依多 11 种！每位船长比他船上的委员少花 63 卢布。"

博士突然抬头看见了我们，冲我们喊道：“你们别在这里捣蛋了，到外边去玩吧！”

我和谢敏诺夫就这样跑出去了，开开心心地玩了两个小时的滑雪。

等我们又回到餐厅的时候，看到博士已经钻到了桌子底下，看到我们进来，还冲我们学了几声公鸡叫。

“高鲁比同志！我认输了！”博士说，“我绞尽脑汁，仍然无从下手。”

“哈哈，怎么样，我的这道题目很赞吧。你已经愿赌服输学公鸡叫了。那么我就告诉你答案吧。”高鲁比说。

高鲁比从动脑筋博士手上拿过纸和笔来，开始向我们解释。

【解】大西洋中的战舰

“我们用铁球来代表那艘沉船，以方便讲解，”谢敏诺夫说，“铁球在海洋深处，各个方向上受到海水的压力是相等的，因此，这种压力并不能阻止铁球的继续下沉。假定铁球的密度是水密度的 8 倍，也就是说，铁球的重量是它排出的水的重量的 8 倍。如果要想铁球不继续下沉，海水就要有特别大的密度。但水的密度有限，即使在海洋深处，也不会把体积压缩到原来的 1/8。因此，铁球的重量总是比它排出的水的重量大，所以，它将继续下沉直到海底。沉船的情况跟铁球一样。”

【解】三个船长和三个委员

假定某船船员委员会的委员所花的费用为 m，他的船长所花的费用是 w。由题意，每位船长比船员委员会的委员少花 63 个卢布。用公式表示为

$$w=m-63$$

设这位委员所买的奖品数为 n。由题意，每位委员所购买的奖品数，是他平均每种奖品所花的钱数，即

$$n=\frac{m}{n}, \text{或} n \cdot n=m, \text{或} n^2=m; \text{因此}, n=\sqrt{m}$$

那么，这位委员所买奖品的数目为 $\sqrt{m}$，而他的船长的奖品数就为 $\sqrt{w}=\sqrt{m-63}$，这是物品的数目；但台球、排球或其他奖品是不可能只买一半

或一部分的，因此，这些数目都应该是整数，即 $\sqrt{m}$ = 整数，$\sqrt{m-63}$ = 整数。

同样的道理，$\sqrt{m-63}$ 应该是比 $\sqrt{m}$ 少 1 的整数。

设 $\sqrt{m-63}=p$，即 $m-63=p^2$。

又有 $m=n^2$，所以有 $n^2-63=p^2$，即 $n^2-p^2=63$。

根据平方差公式：两个数的平方差等于两个数之和与两个数之差的乘积。因此，上式可变形为 $(n-p)(n+p)=63$。

满足式子的数只有三组：1 与 63，3 与 21，7 与 9。

所以，如果　　　　　　　$n-p=1$，则 $n+p=63$

$$n-p=3，则 n+p=21$$

$$n-p=7，则 n+p=9$$

那么，在第一式中　　　$2n=64$，即 $n=32$

在第二式中　　　　　　$2n=24$，即 $n=12$

在第三式中　　　　　　$2n=16$，即 $n=8$

因此，3 位委员分别买了 32、12、8 种奖品。

船长的奖品数为 $\sqrt{m-63}$，又 $m=n^2$，代入 3 个 n 值，即船长的奖品数为 $\sqrt{32^2-63}$，$\sqrt{12^2-63}$，$\sqrt{8^2-63}$，或 31，9，1。

已知，彼得罗夫委员比董司科依船长多买了 11 种。

比较 32、12、8 和 31、9、1 这 6 个数字，只有 12 是比 1 多了 11。因此，彼得罗夫委员买了 12 种，董司科依船长买了 1 种。

又已知潘琴科委员比伊凡诺夫船长多买了 23 种。只有 32 比 9 多了 23 种。因此，潘琴科购买了 32 种，伊凡诺夫购买了 9 种。

答案是：伊凡诺夫船上的委员是彼得罗夫，菲力波夫船上的委员是潘琴科，董司科依船上的委员是高鲁比。

12 脚踏车的魔术

本来我们有意把"三个船长和三个委员"作为竞赛的题目，慎重考虑，觉得太难了些，所以决定不用了。

"我们可以给孩子们讲'脚踏车的魔术'。"博士说道。

"我有一辆脚踏车。"谢敏诺夫说。

"那你就也可以做这个魔术了。首先把自行车支起来，让轮子悬空。然后把脚踏板一个放在最高点，另一个放在最低点。接着再在最低点的脚踏板处系上一根绳子，向后拉动绳子（图123）。你们猜，轮子是会向前滚动，还是向后滚动呢？"博士说道。

图 123

"这个也太简单了吧，小孩子都知道，当然是向前了。"谢敏诺夫想当然地回答道。

"你确定一定是这样的吗？"博士反问道。

"我确定。"谢敏诺夫坚定地说。

"好吧，孩子，你可以先回家用自己的脚踏车实验一下。然后再决定这道题是否可以作为专栏的竞赛题目。"博士微笑着说。

"好的，尊敬的司令官。"谢敏诺夫调皮地向博士行了个礼，撒腿飞奔回家。

"我们不用脚踏车，先做一个别的实验。"博士说，"阿丽法！蓓达！帮我拿一轴线过来。"

"您要白色的还是黑色的？"

"都可以。"

阿丽法和蓓达都很快跑了过来，一个人拿着黑线轴，一个人拿着白线轴。博士选了一个线比较少的，放在桌子上，把线头交给了我。

"我们把这看作脚踏车。"他说，"你看，线是从线轴下面引过来的。你来平行地拉这条线，看看到底线轴是向哪边滚（图124）。"

图 124

在拉动线之前，我觉得应该是向前滚。

"应该是向前。"我说。

"那你拉拉看。"博士说。

我对这个魔术产生了浓厚的兴趣。我正要听博士讲解其中的道理。此时，谢敏诺夫冲了进来。

"这个题目一定，一定要作为竞赛的题目！"他跑进来说，"不过，参加竞赛的孩子们还要能答出这个魔术的道理。"

【解】 谢敏诺夫看到了桌上的线轴，他拉了一下线轴下面引出来的线头。果然，线轴并没有向前滚，而是向后滚动了。

"设线轴的轴半径是 r，轮子的半径是 R（图 125）。"谢敏诺夫说。

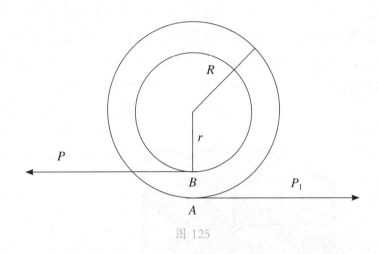

图 125

"线轴受到两个力的作用：一个是我把线端平行向左方牵动的力，设为 P；另一个设为 P_1，是由于摩擦而发生于 A 点的反应力。这两个力相等，而方向恰好相反。力 P 使线轴作顺时针方向转动，P_1 使线轴作逆时针方向转动。但力 P 附着于较小的半径 r 上，而 P_1 则在较大的半径 R 上。因此，力量 P_1 的作用要比 P 大，所以线轴便按逆时针的方向转动了。"

"脚踏车的魔术也是同样的道理。"

13 埃及僧侣的秘密

大家都听过书虫这个名字吧。我们的动脑筋博士真是一个名副其实的书虫，他读过很多的书，历史、地理等很多学科的书他都涉猎过。他脑子中不知道容纳了多少知识。他似乎对什么知识都有浓厚的兴趣。他读任何一本新书，都能从中找到新的动脑筋的问题。

说到这，我想起了一个关于书虫的古老问题：书架上放着厚厚的 3 本《伯来姆大辞典》，编号为 I、II、III，顺序如图 126 所示。除去前面的封面和后面的封底，每本书厚 7 厘米，而每个封面或封底厚 0.5 厘米。请问，一只书虫，从第 III 册的最后一页蛀到第 I 册的第一页，所蛀的隧道长多少？

图 126

【解】 首先我们来观察一下 3 本书的摆放顺序。第 I 册的封底紧贴着第 II 册的封面，第 II 册的封底紧贴着第 III 册的封面。因此，书虫需要咬破第 III 册的一个硬封面，第 II 册的全部和第 I 册的一个硬封底。也就是 $\frac{1}{2}$ + $\frac{1}{2}$ +7+ $\frac{1}{2}$ + $\frac{1}{2}$ =9 厘米。一只书虫，从第 III 册的最后一页蛀到第 I 册的第一页，所蛀的隧道长 9 厘米。

今天我们去动脑筋博士家。我们到的时候，博士正在看一本很厚的英文书。

"您在看什么书呢？"

"这本书是亚历山大写的。在公元前 100 年，他在埃及生活过。"

"这些图画是什么？"

"这是亚历山大发现的僧侣的秘密。当时的埃及僧侣经常玩弄些小把戏来愚弄老百姓。比如，信徒来到寺庙里对着神像祈祷。祭坛旁边有两个僧人的铜像。只要祭坛上燃起了火，铜像就会自动向火中加油，就像真人一样（图 127）。"

图 127

动脑筋博士指着书中的图画对我们说:"亚历山大把其中的奥妙写在了书中。仔细观察这幅图,能不能明白,为什么当火燃烧起来的时候,液体就会顺着隐藏在铜像中的管子上升,最终,液体会倾倒在火上?"

我们还在仔细研究这个图画,此时,博士又告诉我们另外一种骗人的玩意儿。

"当推开寺院门的时候,人们总能听到喇叭发出的悠长而严肃的声音,却看不见声音是从哪里发出来的。僧侣们欺骗老百姓说,这是神的声音。其实,有一个喇叭焊接在一个挂着钩子的器皿的底部。看这幅图,你们明白为什么门一开,喇叭就会响了吗(图128)?"

图 128

说实话，这个构造很难一眼就搞清楚其中的奥妙。

接着，博士又给我们看了埃及庙宇的庙门构造图（图129）。僧侣们点燃供奉神明的火，门就会自动打开，一旦把火熄灭，门就会自动关上。

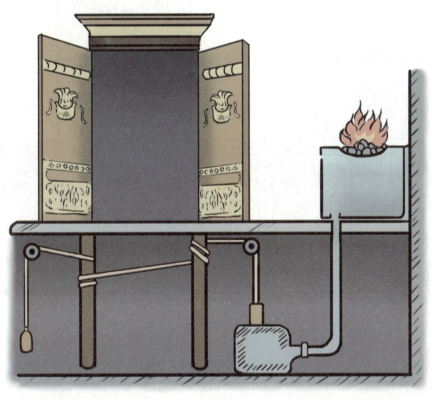

图 129

我仔细看图，没有看清楚庙门底下到底是什么。

"那是一个装满空气的皮革袋子。"博士解释道，"把这个袋子放在看不见的地窖里，用一根管子和祭坛的边缘相通。这里还有一个更狡猾的'怪物'（图130）。你们有没有谁看懂了这个'怪物'为什么会动？多动脑筋想一想，如果回答不上来，可以去找你们的物理老师聊一聊。"

图 130

　　我和谢敏诺夫都没有让博士失望。不管怎么样，我们向博士给出了满意的答案。

　　"最狡猾的埃及僧人，也蒙骗不了你们了。"博士欣慰地说道。

　　"这些人都是骗子。"谢敏诺夫愤愤地说道。

　　这几个问题，在这里就不再向大家解释了。否则的话，不就是给大家我们曾拒绝过的"钥匙"了吗？

14 5个湖泊

有一天，动脑筋博士没好气地找到我们，并对我们说："你们几个说话不算话，说好会给我准备一道逻辑题目的。但是现在还拿不出来。赶紧坐下来做点事情吧。把那个军事游戏中五辆脚踏车竞赛的题目写出来。"

"我可不可以稍微修改一下那个题目？"我问。

"当然可以，而且真是好极了！"博士说。

我和谢敏诺夫坐下来，奋笔疾书，大概一刻钟后，我们改造后的题目完成了。

今天我们上地理课，老师在黑板上画了5个湖泊，分别给5个湖泊加上了序号。让大家每个人认出其中的两个湖泊。下课的时候，只有5个人交了题目答案。他们的答案都是只认出了一个湖泊，写下的另外一个湖泊是错的。他们的答案如下。

"第二是巴尔喀什湖，第三是拉多加湖。——彼佳"

"第一是贝加尔湖，第二是奥聂加湖。——科远"

"第三是奥聂加湖，第五是贝加尔湖。——丹娘"

"第二是巴尔喀什湖，第四是伊塞克湖。——玛依卡"

"第四是伊塞克湖，第一是拉多加湖。——雪丽莎"

请根据以上信息，说出五个序号分别代表什么湖泊。

动脑筋博士对这个题目夸赞一番之后，打电话给《少年真理报》的工作人员，请他们派人来取走这个题目。

【解】根据彼佳的答案，如果第二是巴尔喀什湖，那么第三就不是拉多加湖；又根据玛依卡的答案，第四也不是伊塞克湖了。根据雪丽莎的答案，如果第四不是伊塞克湖，那么第一就应该是拉多加湖，而不是贝加尔湖。这样的话，根据科远的答案，则奥聂加湖应为第二，但这是不可能的，因为我们已假定第二是巴尔喀什湖了。推理到这一步出现了矛盾，这说明我们最开始的假设就是错误的。那么，根据彼佳的答案，第三是拉多加湖，第二不是巴尔喀什湖。根据丹娘的答案，第三不是奥聂加湖，则第五是贝加尔湖。根据科远的答案，第一不是贝加尔湖，则第二是奥聂加湖。根据玛伊卡的答案，第二不是巴尔喀什湖，则第四是伊塞克湖。就剩下巴尔喀什湖了，当然就是第一。

答案是：第一是巴尔喀什湖，第二是奥聂加湖，第三是拉多加湖，第四是伊塞克湖，第五是贝加尔湖。

15 解绳结

动脑筋博士今天心情似乎很好，他哼着小曲在屋子里走来走去，好像在思考着什么。我和谢敏诺夫、阿丽法、蓓达4人正在下棋，但是我们都不在乎棋局的胜负。大家对博士的歌儿更感兴趣。歌词是：

年轻人和年长者同行，

从3点到9点，

无论他们曾经走了多少平地，

当他们到达山脚下，

开始上坡的时候——

我没有事，我始终是一样的，

这并不是问题所在。

"你唱的是什么歌儿？"我忍不住问了。

"这个歌是个很奇特的歌，"博士说，"这个歌里有个有趣的问题，需要开动脑筋认真思考才能得到答案。你们有没有读过一本书《爱丽丝梦游仙境》？作者是查尔斯·路德维希，笔名是路易斯·卡罗尔，他是一名作家，也是一名数学家。这本书是他写给侄女的。你们可能读过这本书。"

"我知道这个故事。爱丽丝掉进了一个兔子洞中，她刚开始变得很大，像一个高大的烟囱；后来又变得很小，一滴正常人的眼泪似乎都能把她淹死……"阿丽法说道。

"是的，就是这个故事。"博士赞许地点点头说道。"今天我们要谈论的是他的另外一本书，书名叫《混乱的历史》。这本书中的每一章都是一个绳结。刚才我唱的歌就是一个绳结。每一个绳结都需要解开。"

我们一起请求博士给我们念一两段绳结。博士先换了副眼镜——他有很多副眼镜，走路时戴的，看书时戴的——然后看着英文书，用俄语流畅地念道：

夕阳西下，夜幕降临。有两个人正在匆忙赶路，他们需要从山的峭壁走到山脚下去，赶路的速度是每小时 6 里。其中一个人年富力强，赶起路来，毫不费力地从一块岩石跳向另一块岩石。而另一个年纪稍长的，有些吃力地跟在他的后面。正走着路，年轻的一个说道："这路走的真艰辛。"他叹了一口气，接着说："不过接下来的路走起来就会轻松些。"

"是呀，这路太难走了。"跟在后面的那个人喘着粗气说，"上山的速度慢，我们每小时只能走 3 里。"

"我们在平地的速度是多少呢？"年轻人问道。他可能数学不太好，所以向年长的同伴求教。

"在平地上，我们的行走速度刚好是每小时 4 里。"年长者用疲惫的声音回答道。

"我记得我们从旅馆出来时是 3 点。不知道还能不能赶上回去吃晚饭。回去太晚了，旅馆的人会不会不给我们开饭了呢？"年轻人说。

"我们回去只要有甜菜就可以了。"年长者回答道，"我们 9 点钟应该可以回到旅馆。今天走的路可真不少呀。"

"我们一共走了多少路呢？"对知识有着无尽渴求的年轻人兴奋地问道。

年长者思考了一会儿，问道："你还记得我们大概到山顶是什么时候吗？"

他看到年轻人为难的神色，就又说道："不必很精确，半小时的精度就可以了。只要知道这个，我就能很精确地告诉你，我们一共走了多少路。"

年轻人用一声长叹回应长者，同时他脸上的表情也昭示了他对数学的迷茫不解。

"这就是第一个绳结。来，孩子们，拿出纸笔。我再念一遍，你们把题目要点记录下来。"博士说道。

我和谢敏诺夫的笔录如下："两个行者的走路时间是 3 点到 9 点。他们在平地的走路速度是每小时 4 里，上山的速度是每小时 3 里，下山的速度是每小时 6 里。请计算他们一共走了多少路和他们到达山顶的时间（精确度是半小时）。"

我们像品尝美味一样细细地琢磨这道题，但竟无从下手。阿丽法和蓓达也没有办法。博士看我们毫无头绪，又唱起了他的歌。

> 年轻人和年长者同行，
> 从 3 点到 9 点，
> 无论他们曾经走了多少平地，
> 当他们到达山脚下，
> 开始上坡的时候——
> 我没有事，我始终是一样的，
> 这并不是问题所在。
> 他们的步伐，每小时 4 里，
> 在平地上前进；
> 上山，每小时 3 里；
> 下山，每小时 6 里。
> 所以，上山下山恰好等于每小时 4 里。
> 看看太阳落山的时间，
> 这并没有什么关系——

他们$\frac{2}{3}$的时间在上山，

下山的时间只有$\frac{1}{3}$。

$\frac{2}{3}$的时间里每小时 3 里，

$\frac{1}{3}$的时间里是每小时 6 里。

"哈哈，我知道怎么解答了。"谢敏诺夫兴奋地叫了起来。

"先不要说，等一下，给大家一个思考的时间。"动脑筋博士说道。

【解】 走 1 里的路，在平地需要$\frac{1}{4}$小时，上山需要$\frac{1}{3}$小时，下山则需要$\frac{1}{6}$小时。因此，不管是平地还是上下山，往返一里都需要花费$\frac{1}{2}$小时。那么，走了 6 个小时，一共往返了 12 里。

如果他们去的时候，路大多是平的话，那么他们只用 3 小时略多一点的时间。如果同样走 12 里路，且大多数是上坡路，那么他们就要用几乎 4 个小时的时间。从题中我们可以知道，他们用了 3 个半小时的时间上山，精确到半小时。旅行者出发的时间是 3 点，那么他们到达山顶的时间应该是 6 点半。

16 代数、算术和动物课

今天动物课老师请病假了，我们有了一节课的空当时间。我们班以前就约定过：这种情况下，大家从全班同学中挑选老师，被选中的要像真的老师一样给大家讲课。每次我们都会玩得不亦乐乎，甚至会闹哄哄的，有时候都能把校长引来了。

今天我有幸被大家选了出来。我走到讲台上，坐到老师的椅子上，拿出花名册，一本正经地说："茹科芙科娃，请到黑板前面来。"

她是我们班年纪最小的一个女生，聪明勇敢，都敢跟男孩子打架。

"请你帮我把题目写在黑板上。"

"请原谅，我们现在应该上动物课，而不是数学课。"她礼貌而坚决地反驳了我。

"我出的是一道动物学的题。我在动物园里参观，看到了斑马、羚羊、仙鹤、独角鱼，还有蝴蝶（图 131）。这些动物一共有 34 只脚，14 只翅膀，9 条尾巴，6 只角和 8 个耳朵——这是指长在外面能一眼就看到的耳朵，而不是里边的耳朵。我的问题是斑马、羚羊、仙鹤、独角鱼，还有蝴蝶分别有多少？"

图 131

"哇，真是一道复杂的题目。让我列几个方程来算算看。设斑马数为 x，羚羊数为 y，仙鹤数为 z，独角鱼数为 u，蝴蝶数为 v，则 $4x+4y+2z+6v=34$。"

"触角，难道不算脚吗？"后面有一个同学喊道。

"独角鱼没有脚。接下来写翅膀的方程式。我们该说是翼还是翅膀呢？"茹科芙科娃坚定地说道。

"这个无所谓，只要方程式正确就可以了。"

她继续在黑板上写：$2z+4v=14$。

"现在写尾巴的方程 $x+y+z+u=9$。"

"现在我们写角的方程式。一般我们都会主观地认为独角鱼有一只角，其实我们看到的不是它的角，而是门牙。事实上它有两颗门牙，只不过另外一颗没有发育成熟。但是既然我们都叫它独角鱼了，还是把它当作有一只角吧。所以得到角的方程式 $2y+u=6$。"

"最后是耳朵的方程式 $2x+2y=8$。"

黑板上总共列出了 5 个方程式，含有 5 个未知数。

脚	$4x+4y+2z+6v=34$
翼	$2z+4v=14$
尾	$x+y+z+u=9$
角	$2y+u=6$
耳	$2x+2y=8$

她观察了这些方程式一会儿，说道："苏尔卡先生，我觉得可以不用代数的方法，用算术就可以解答这道题。"

"可以，请继续。"

"首先，从耳朵开始，在这些动物中，只有斑马和羚羊有耳朵。斑马和羚羊各有 2 只耳朵。因此斑马和羚羊两种动物，一共有 4 只。假如说有 1 匹斑马，那么就有 3 只羚羊，但是这样不对。因为 3 只羚羊有 6 只角，但题干所述羚羊和独角鱼一起才有 6 只角。我们继续假设有两匹斑马，从耳朵的数目来看，羚羊也有两只。那么羚羊有 4 只角，题干所述总共有 6 只角，因此，有两条独角鱼。现在我们来算算尾巴，其中两个是斑马的，两个是羚羊的，还有两个是独角鱼的，总共有 9 个尾巴，那么仙鹤应该有 3 只。推算到这里还没有错误，我们继续下去。有 3 只仙鹤，那么就有 6 只翅膀。而题干所述总共有 14 只翅膀。那么蝴蝶有 8 只翅膀，也就是说有两只蝴蝶。我已经全部推算出来了。"

"很好，你可以再用脚来核对一遍。"

"斑马有 8 只脚，羚羊有 8 只脚，仙鹤有 6 只脚，蝴蝶有 12 只脚。加起来刚好等于 34。"

"非常好，我分别奖励你一个算术和动物学的荣誉徽章。你是我见到的第一个知道蝴蝶有多少只脚，独角兽有多少只角的女生。"我向她投去赞许的目光。

此时，校长又过来查看教学情况。他探着脑袋问道："今天怎么这么安静呢，你们在上什么课？"

同学们七嘴八舌地一起回答道：

"代数。"

"算数。"

"动物课。"

【解】 茹科芙科娃的答案当然是对的。我确实犯了一个错误，我出题的时候误以为独角鱼是有一只角的，而那其实是它的一枚门牙。

17 古老的乌克兰游戏

谢敏诺夫经常会忘记关门。今天他依旧如此，我看到门敞开着就径直走了进去。一进屋就看到这样一幅画面：地上有一个水桶，水桶周围水汪汪的一大片水，水桶里面还有一个小水桶。谢敏诺夫正蹲在桶边，神情专注地把自行车的钢珠一粒粒地放到小水桶里。

"嗨，你在干什么，怎么弄了一地水。"我冲他说道。

"没事儿，你看我穿着胶鞋呢。"谢敏诺夫回答道。

"这是怎么回事呢？搞不懂，完全搞不懂。"他站起来，迷茫地说道。

"什么怎么回事？"

"你记得阿基米德原理吗？"他问我。

"阿基米德原理好像是说：'一切浮在水中的物体，它所排出的水的重量恰好等于浮着的物体的重量。'"

"你有没有怀疑过这个原理？你对它深信不疑吗？"

"这个原理当然是真的。"

"那么，你看这个实验。我首先往一个大的空水桶中注入了一玻璃杯的水。然后在大水桶里放了一个小水桶，再把钢珠放到小水桶里。我们可以观察到装有钢珠的小水桶能够浮起来。水在两个桶壁之间形成了薄膜。小水桶只有上端的一部分露在了水面外。"

"然后呢？这说明了什么呢？"

谢敏诺夫把小水桶取出来，我接过来放在左手上。然后他又把大水桶里的水全部倒进玻璃杯中，我接过来用右手拿着。

"事实上，一个沉重的水桶浮在水面上只排出了不到 200 克的水。"

你们大概都听说过一个古老的乌克兰游戏：

我们是一起去的吗？

是的。

是不是找到了一件皮袄？

是的。

是不是又一起去了酒店？

是的。

是不是一起喝了烧酒？

是的。

我是不是觉得特别热？

是的。

我是不是把皮袄脱了？

是的。

我是不是把皮袄交给了你？

是的。

你把皮袄放到哪了？

什么？

皮袄！

什么皮袄？！我们是不是一起去的？

是的。

我们是不是找到了一件皮袄？

是的。

他们的话就这样一直循环地进行下去。而今天我和谢敏诺夫的谈话也有些类似。

"我们的大水桶装的水有多少？"谢敏诺夫问道。

"一玻璃杯。"

"是 200 克吗？"

"是的。"

"装有钢珠的小水桶比这更重些吧？"

"是的。"

"至少有两千克？"

"是的。"

"小水桶可以浮在水面上吗？"

"是的。"

"小水桶是不是应该排出与自己重量相等的水？"

"是的。"

"也就是说要排出两千克的水？"

"是的。"

"可是如果呢？"

"没有什么？"

"没有两千克的水。"

"什么水？"

"什么水？我们的大桶里有多少水？"

"200 克。"

"小桶在大桶里浮起来了吗？"

"是的。"

"应该排出多少水？"

"两千克。"

"从哪里排出？"

"从大桶里。"

"大桶中原来总共多少水？"

"200 克。"

"那么，这不符合阿基米德原理呀？"

"为什么？"

"为什么？小桶是不是浮着的？"

"是的。"

我总觉得谢敏诺夫的实验有个误区，但说不出来问题到底出在了哪里。

"我觉得还是要向动脑筋博士请教。"

我们一起来到动脑筋博士的住所，向他描述了实验过程，并说出我们的疑惑。听完我们的话，他笑了，接着指出我们实验的纰漏，并证明阿基米德原理是正确的。

"孩子们，不必为这感到难过。这样的情况我也经常遇到，明明是一件很普通的事情，却突然间就想不明白了。每当这个时候，我就会越发觉得自己知之甚少，需要学习的东西还有很多。而且，当你学的越多，你就会觉得自己需要学更多的东西。因为越深入了解一件事情，你就越想刨根问底。清醒地认识到这一点是件很令人难过的事情，但是科学的本质就是如此。徜徉在科学的海洋中，永远看不到尽头。"

【解】 谢敏诺夫之所以困惑，是因为他弄错了"排出"两个字的含义。阿基米德原理是这样说的：如果一个物品能够漂浮在水面上，那么这个物体的一部分一定是浸入水中的，从而在水面上形成一个坑的形状。假设我们能把物品从水面中取出，而这个坑仍然存在，填满这个坑所需要的水的重量就等于刚才漂浮在水面上的物体的重量。

所以，大桶中水的多少，跟实验结果没有关系。当谢敏诺夫把小桶放到大桶里去的时候，水沿着两个桶壁上升，从而形成一个巨大的坑，把这个坑填满所用水的重量应该等于放入的小桶连同钢珠的全部重量。

18 还是阿基米德

动脑筋博士对我们说道："有件事说来很惭愧，我被一个很简单的事情搞糊涂了。大概发生在几天前，有一个学生在我家做了一个实验……刚好他把实验设备都留在了这里，我们现在再做一遍这个实验。"

动脑筋博士拿出了两个东西。一件是个很大的玻璃容器，大到都可以养鱼了。这个玻璃容器壁上的刻度以厘米为单位。动脑筋博士告诉我们这个容器的每个刻度相当于一升的水。博士向这个容器中注入了一些水，水到达十厘米刻度的位置。

博士取出的第二件东西是一个小型的圆柱玻璃筒，上面标有刻度，每一个刻度相当于半升的水（图132）。

图 132

然后博士把小圆筒放进了玻璃容器中，使圆筒的第四个刻度，刚好在容器的第十个刻度上。也就是说圆筒的下端边缘，刚好对准容器的第六刻度。

　　"我的问题是，小圆筒的四厘米共排出了多少水？"博士问道。

　　"两升。"谢敏诺夫回答道。

　　"对，就是这样子的，我当时也是这样回答我的学生的。但他反问道：'这两升水会怎样呢？如果圆筒的上端没有露出水面，而是完全浸在水中，那么这两升水当然是升到 12 厘米的地方了。但是现在圆筒的上端还有一段，它占有由 10 到 12 两刻度中间的空间的一半。也就是说那里只能容纳一升的水。那么另外一升水去哪里了呢？'孩子们，你们觉得呢？第二升水去了哪里？"

　　"我觉得第二升的水将会继续上升。"我回答道。

　　"升到什么位置呢？"

　　"如果没有圆筒，就能升到 13 个刻度。"

　　"但是现在有圆筒呢？"

　　"12 与 13 刻度之间只能容纳半升水，而另外半升水将上升至 13 度半。"

　　"这是有圆筒的情况吗？"

　　"不是，就是没有圆筒的情况。"

　　"谢敏诺夫，那你说说有圆筒会怎样呢？"

　　谢敏诺夫迷茫地眨着眼睛，似乎已经被绕晕了。

　　"如果有圆筒，水将在容器中不停地上升。最开始是两厘米，然后是一厘米，接着是半厘米，再就是 $\frac{1}{8}$，$\frac{1}{16}$，$\frac{1}{32}$，…恐怕就这样没完没了了！"

　　"苏尔卡，你呢，你怎么看？"博士又转过来提问我。

　　我仔细想了想，觉得谢敏诺夫的回答是对的。

　　"水会不断上升，直到接近容器的边缘，甚至溢出容器。"

　　"那天来找我的学生也是进入了这样的误区。"动脑筋博士说，"那天我整整用了半个小时的时间，才想明白问题出在哪儿。现在回想起来仍感到惭愧。"

【解】 事实上，我们的这个实验，玻璃容器中的水最多只能上升到第14个刻度。

"你们说水将不停上升，这是一个很大的误区。$12+1+\frac{1}{2}+\frac{1}{4}+\frac{1}{8}+\frac{1}{16}+\frac{1}{32}+\cdots$，这样加下去的和永远不会超过14。如果这样的加数有无穷多个，那么数学家认为这种情况下的加数和等于14。"

"为什么要说等于呢? 事实上，无论加数有多少，它们的和总要比14小。"谢敏诺夫问道。

"你说得对。但是，当加数足够多时，这些数的和与14之间的差越来越小，小到没有意义，甚至在那种情况下继续减小差数，直到无穷。"

19 巧拼不规则四边形

懂得越多就觉得自己不懂的越多。大概是因为动脑筋博士对那本英语书的绳结太上心了，最近他越发觉得自己知识不够。为了不让他太伤脑筋，我偷偷地把那本书藏到了大百科词典中间。但是博士的情绪仍然很糟糕，他整天说一些奇怪的话来称呼自己。

我们使出了浑身解数，才邀请到他跟我们一起出去散步。路上，我们在一个巨大的建筑物旁边看到成堆的四边形木块。虽然这些木块的形状和大小都相同，但是它们既不是长方形，也不是正方形（图133）。有两个工人正在用铲子把它们装上载重汽车。

图 133

博士走过去，捡起一块，端详了一会儿，说："多么好的木材呀！"

一个工人认可地点了点头，说："当然都是好木材了，只可惜这么好的木材要去当柴烧。"

"为什么不拿去做材料呢？"博士问道。

"你看看这些木材的怪样子，还能做成东西吗？"那个工人笑着说道。

"但是它们大小和形状相同呀。"

"一样又怎样呢？"

"给我点儿时间，想一想。"博士说道。

春雪初融，阳光温暖地照耀着大地，但仍然有些寒意。

"走吧，我们到办公室去。"博士对我们说道。

我们来到一个房间，房间很拥挤。大家都忙着工作，有三个打字员正在打字，还有几个会计正在算账。看到我们进来，职员们都用惊诧的目光看着我们。我和谢敏诺夫觉得有些不好意思，而博士却毫不在意这些目光。博士走到一个空桌子前面坐了下来，取出笔和本子。

"让我证明一下，凡是有同样大小和形状的四边形都可以拼成地板。"动脑筋博士说道。

很快地，博士在本子上画满了图和字母。大约五分钟之后，他突然兴奋地站起来，冲着职员们喊道："太好了，终于搞定了，请问，你们的建筑部主管在哪里？"

我们敲开了职员们给我们指的那一扇没有上漆的三合板做的门。

一个胖乎乎的人问我们："你们好，请问，有何指教？"

博士跟他说了自己的想法，那些丢弃在院子里的木块，其实也可以用来铺地板。只要是大小和形状都相等的四边形，都可以拼接在一起，只不过可能会有突出的尖端，铺地板的时候墙角处需要稍微加宽一些。博士的说法激起了主管极大的兴趣。他听完了博士的话，急忙跑出去，阻止工人们把木料装去当柴烧。

主管握着博士的手感激地说道："真是太感谢您了，帮我们节省了这么多优质的木材。再一次向您表示诚挚的谢意。您真是一个伟大的学者……"

在我们回去的路上，博士的烦恼被甩到了九霄云外。他一路上欢呼雀跃，还用手指打着口哨，嘴里念叨着："真是太好了。"路上，他还给我们出了各种各样的题目，这些题目后面再跟大家分享。

【解】"您能把在办公室画的图给我们看看吗？"我问博士。

"你们想看，我当然很高兴。"博士说道，"这是第一幅图。"

那页纸上先是画了一个小图，也就是一个不是正方形，也不是长方形的四边形。然后另外画着两个图，但是其中一个被划掉了（图134）。

"为什么要把这个划掉呢？"

"如果想要把两个四边形相同的一边拼在一起，可以有两种方法，但是，试了之后就会发现第一种方法不可用，所以划掉，采用第二种方法。这两种方法之间的区别，你们看出来了吗？"

"懂啦。"我说，"被划去的那种情况，两个四边形完全对称，k 角仍然与 k 角相邻，l 角仍然与 l 角相邻。而第二种情况，则使 k 角与 l 角相邻。"

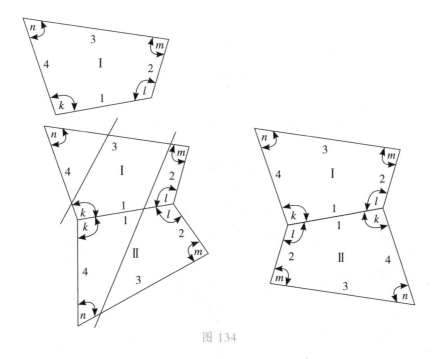

图 134

"是的。"博士说,"现在我来拼第三个四边形。第二个和第三个四边形之间仍然要有一条相等的边,假如是边 2,同样可以有两种方法。"

博士又让我们看了另外一页纸,在这张纸上又有一个图被划掉了(图135)。

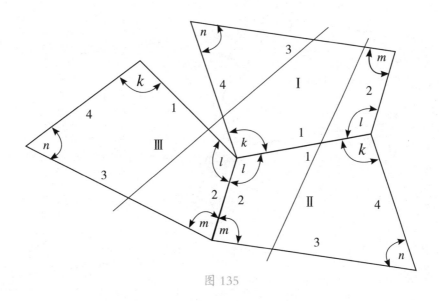

图 135

"这时还是要把不相同的角放在一起。"谢敏诺夫说道。

"聪明的孩子，你说得很对。"博士夸奖道。

"现在，我们可以观察到，在三个四边形相交的地方有 k、l、m 三个角（图 136）。还有一个空余的位置。我们把第四块板安装到这里（图 137）。苏尔卡，你猜交角 n 是否和交点处空余的角度相吻合？"

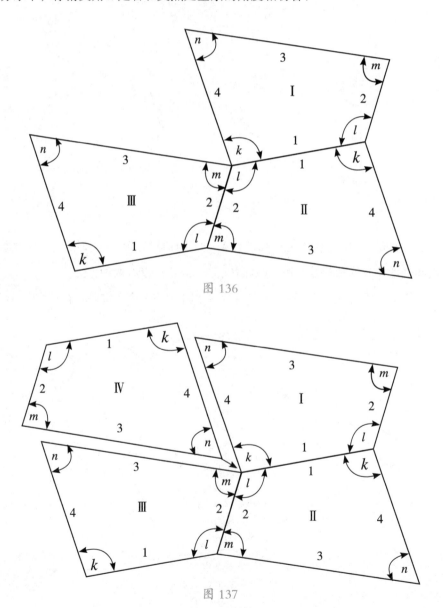

图 136

图 137

"当然是完全相等的。"我回答道,"任何四边形内角的和都等于 360°。在四个四边形的交点处已经有 k、l、m 三个角,还差角 n 就能补够 360°,所以余下的角一定与 n 角相等。"

"是的。这样我们就能把四个四边形拼成一块平板(图 138)。"

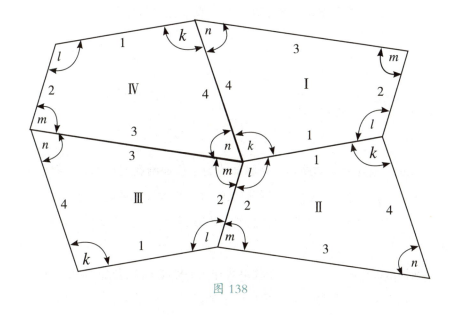

图 138

"接下来我们需要证明,这些由四个四边形拼起来的平板也能互相拼合。"

"如图 139 所示,平板 A 与平板 B 的边 2 与边 4 相等。两板交界处刚好有 k、l、m、n 四个角。"

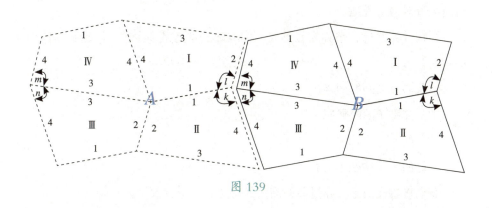

图 139

"按照这样的方法，我们可以把这些木板拼得很长。同样的道理，这些木板也可以拼得很宽。所以，这些四边形的木料当然可以用来铺地板了。"

博士略停顿了一会儿，向我们问道："现在你们明白为什么要划去另外一种情况吗？"

"那是为了要在交点处聚齐四个角。"谢敏诺夫回答道。

20 一下3个问题

从办公室到家里的路上，动脑筋博士不停地给我们出题目，我已经记不得了，大概有20个题目。当我们又经过那个木块儿的院子时，博士突然从地上捡起一块砖头对我们说："假如知道砖头重一斤又半块砖，请问：砖头重多少？"

我们继续往前走，看到一个像电线杆儿一样高大的石匠向我们走来。

"这个人的个子好高呀。难怪大家都说'一个半伊万'。他是吃竹竿长大的吗？"

"这位朋友你好。如果你绕地球走一圈，那么你的头比你的脚多走了多少路呢？"

"照理说头应该是比脚多走了一些路，那么你觉得是多少呢？"石匠转过身笑着对博士说道。

"在计算之前，请你先告诉我，你准确的身高是多少呢？"动脑筋博士问道。

"我的身高刚好两米。"

"不穿鞋子的时候吗？"

"是的。"

"好的，我这就去算算。"

我们接着往前走，路过一栋高大的房子。

动脑筋博士说道:"我有两个学生都住在这个房子里,彼得罗夫住在六楼,库洛奇金住在三楼。他们两个都是工程师。"

"我的问题是彼得罗夫住的比库洛奇金高几倍?"

我还没来得及回答,博士又说道:"这是老房子,没有电梯,有一次我数过,到彼得罗夫的房间要上一百级楼梯。那么到库洛奇金的房间去,要上多少级楼梯呢?"

我们继续往前走,又到了一栋房子旁边。

动脑筋博士又说道:"这个房子里也有我的两个学生。哥什克住在四楼,索巴奇克比他住的高一倍。"

"那么索巴奇克住在哪一层呢?"谢敏诺夫接过博士的话说,"我们把这个问题交给苏尔卡吧。"

我们把这些边走边谈论就能得出答案的题目叫作行军式题目。谢敏诺夫很擅长这类题目,而我经常会弄错。

我们马上就要到家了,博士掏出手表来看了看,然后问道:"谢敏诺夫,你的表几点了?"

"还差六秒钟就四点了。"谢敏诺夫回答道。

"我的表已经四点过四秒了。今天中午正 12 点的时候,我们一起校准过。我的表,每小时快一秒,而你的表每两小时慢三秒。这样的话,什么时候这两个表显示的时间会相同?什么时候,两个表能同时指向准确的时间?"

动脑筋博士一边思索,一边缓缓地走上了楼梯,专注得都忘了跟我们说再见。留下我和谢敏诺夫呆呆地望着他的背影。谢敏诺夫说道:"我们博士的病好了。"

"确实,完全好了。"

【解】 石匠的问题

我们需要计算出两个圆周长之间的差。设石匠的身高为 A,他用脚绕地球走一圈时的直径为 d。那么他用头绕地球一周的直径为 d 加 A 加 A 等于 $d+2A$。

他的头所画出的圆周长是 $\pi(d+2A)$,或 $\pi d+2\pi A$。

他的脚所画出的圆周长是 πd。

现在两个圆周长相减，结果是 $2\pi A$。

我们知道石匠的身高是两米，也就是说 A 等于两米。

那么，石匠绕地球走一圈，他的头要比他的脚多走 4π 米的路，即 12.566 米，也可表示为 12 米 56 厘米 6 毫米。

你应该发现了，在这个问题中，地球的直径没有起到任何作用。假如他绕月球一周或绕足球甚至苹果一周，那么他的头仍然是比脚多走了 12 米 56 厘米 6 毫米的路。

【解】 两个工程师的问题

首先，我们需要明确一点——彼得罗夫住的高度比库洛奇金住的高度，不是高一倍，而是高一倍半。所以到库洛奇金的房间，不是需要上 50 级台阶，而是只需要 40 级即可（图 140）。

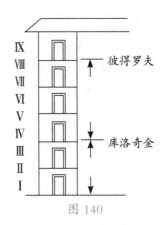

图 140

【解】 两个糟糕的表

让我们用 x 来表示从第一次对表时起到下次两个表指着相同的时间，中间所用的小时数。如果想要使这两个表，再次指向相同的时间，需要相差 12 个小时或者 43 200 秒。

在这期间，博士的表要快 x 秒，谢敏诺夫的表要慢 $\frac{3}{2x}$ 秒。

$$x + \frac{3}{2x} = 43\ 200\ \text{秒}$$

解得 x 等于 17 280 小时，等值于 720 个昼夜。

又因为只有在博士的表跑快了 12 个小时，而谢敏诺夫的表跑慢了 12 个小时的情况下，谢敏诺夫和博士的表才能再次同时指向准确的时间。如果想要博士的表跑快 12 个小时，则需要 43 200 小时，也就是 1 800 个昼夜。而如果想要谢敏诺夫的表跑慢 12 个小时，则需要 $43\ 200 \times \frac{2}{3}$ 个小时即 1 200 个昼夜。

现在应该很容易就回答出我们的问题了，要经过 3 600 个昼夜，差不多要等 10 年，他们的表才能同时指向准确的时间。

21 潮水在不断上涨

时间悄无声息地飞逝，转眼间又到了春天。就在前几天，我和谢敏诺夫，还有一个大孩子，站在河边聊天。我们站在桥上，看着一块块冰块顺流而下，逐渐融化。突然，那个大孩子说道："常听人们说，水面已经不会继续上涨了。但其实，等到所有的冰都融化了，河水不知道还要增加多少呢。"

"两年前曾经做过这样的实验。先把一块冰放在水桶里，然后在水桶里刚好装满水。当时我以为，等冰块完全融化之后，桶里的水一定会溢出来。"谢敏诺夫说道。

凭我对谢敏诺夫的了解，只要你提出一个有趣的想法，那么他就会马上想到别的一些。

"你还记不记得，去年我曾经给你出了一道很伤脑筋的梯子的题目？"谢敏诺夫问我。

的确，那是个很有趣的题目。去年的某一天，我和谢敏诺夫一起来到码头，刚好那里停着一艘新的轮船——摩尔曼斯克号。我们看了一会儿，准备走开。

突然，谢敏诺夫对我说道："我想到一个有趣的题目。你看有一个梯子挂在轮船边上，梯子下面的四级浸在水里。梯子每两级之间的距离是25厘米，每一级梯子板的厚度是5厘米。潮水以每小时40厘米的速度上涨。我的问题是，两小时之后，有多少级梯子浸到水里去了？"

"在计算这个题之前，我需要先准确地知道，水是刚好淹没梯子的第四级，还是淹没到第四级和第五级之间的空间？"

"刚好淹没第四级。"

"潮水是在不断上涨吗？"

"是的，潮水在不断上涨。"谢敏诺夫肯定地回答道。

我想了很久，谢敏诺夫似乎已经等得不耐烦了。

"哈哈，还是让我来告诉你答案吧，反正你是猜不对的。"谢敏诺夫说道，"这道题其实是逗你玩儿的，因为潮水来的时候，轮船被抬高的同时，梯子也随着轮船被抬高了。"

22 马乌龟和乌龟马

我和谢敏诺夫今年没有参加少年夏令营，我们一起去了奥卡。谢敏诺夫的叔叔住在那里，我们去他那里做客了。那里有一条河，但是因为我已经习惯了在海里游泳，刚开始实在不喜欢在河里游泳。在海里游泳的时候，我可以睁开眼睛，而在河里睁开眼睛的时候，会觉得眼睛里进了什么东西，很不舒服。这个也好奇怪呀，因为海水是咸的，河水却没有咸味儿，不是应该反过来吗？

过了一阵子，我们也习惯了在河里游泳。我们每天游泳、钓鱼、晒太阳，玩得不亦乐乎，甚至都忘记了动脑筋博士和他的两个孙女。

但是今天发生了一件事，我和谢敏诺夫不约而同地都想把这件事分享给博士和他的两个孙女。

"你在给谁写信？"我问谢敏诺夫。

"当然是写给动脑筋博士。你呢，在给谁写信？"

"我也在给博士写信。"

"这太好了，我们一起写一封吧。"

我知道谢敏诺夫的意思就是由我来执笔。他躺在床上念叨着。

"尊敬的动脑筋博士！"我写道。

"还有阿丽法和蓓达。"谢敏诺夫补充道。

"好，我加上了，阿丽法和蓓达！今天我们搭了一个老先生的顺风车，从雪尔诺格到辛尼奇金。这个老先生的马大概有一千岁了，走得很慢，慢得像乌龟。谢敏诺夫开玩笑地说，这也许是一种没有历史记载的新物种，我们可以叫它马乌龟。在我给你写信的时候，谢敏诺夫又想到了一个新的名词，叫它乌龟马。这种动物不会走得更快，也不会走得更慢，永远以相等的速度往前走。谢敏诺夫建议把速度二字改为慢度更合适一些。但被我否决了，因为速度一词是专业的科学名词，而慢度则是他杜撰的。"

"似乎过了很久，谢敏诺夫看了看表，对老先生说道：'老爷爷，我们走了有 20 分钟了，是不是已经走了很远？'"

"孩子们，我们刚好走了从这里到美逊莱的一半路。"老先生回答道。

"老先生的家就在美逊莱。到了美逊莱之后，我们没有太多停留，只喝了一杯牛奶就继续赶路。走了 5 千米之后，我问老先生，距离辛尼奇金还有多远的路。老先生的回答和刚才一样：'孩子们，我们刚好还有从这里到美逊莱的一半路。'"

"又过了一个小时。我们终于到达了辛尼奇金。我们决定把这次旅行的经过写信告诉你。这个题目，希望你能让阿丽法和蓓达来解答。"

写完之后，我把信给谢敏诺夫念了一遍。

"你忘记写问题了。"

然后我又补充了一句："请问：从雪尔诺格到辛尼奇金的路程有多远呢？"

【解】 阿丽法和蓓达的回信

阿丽法和蓓达收到信的当天，就给我们写了回信。

"你们走了 20 分钟之后，老先生说走了从那里到美逊莱一半的路程，也就是说，从雪尔诺格到美逊莱，你们需要走一个小时。"

"从美逊莱，又往前走了 5 千米之后，还剩下美逊莱到辛尼奇金 $\frac{1}{3}$ 的路程。走完最后的一段路程，你们用了一个小时的时间，也就是说从美逊莱到辛尼奇金总共用了 3 小时。所以，从雪尔诺格到辛尼奇金总共需要 4 个小时的时间。"

"从美逊莱到辛尼奇金 $\frac{2}{3}$ 的路或 5 千米，$\frac{1}{3}$ 的路即 2.5 千米用了 1 个小时。那么，4 个小时，你们一共走了 10 千米。天哪，这么慢的速度，你们真是好有耐心，如果是我和蓓达，我们早就下车徒步走了。"

"如果真像她们说的那样下车徒步走了，就没有机会见识这种新物种了。"谢敏诺夫读完回信后自我解嘲式地说道。

23 水中的墨水与墨水中的水

"这真是一封令人绝望的信。阿丽法和蓓达的答案都是正确的，但是博士有点儿神经质。"谢敏诺夫边跑边喊。

"怎么这么说呢？"

"博士认为自己很无知，打算回到学校念书，并且从幼儿园念起。"

我接过谢敏诺夫手中的信。

"亲爱的朋友们，你们好。从回信中你们应该看出来，阿丽法和蓓达一切安好。谢敏诺夫托我照看的小猫也很好，在这儿不愁抓不到老鼠。莫斯科的夏天，闷热干燥，我像那些主妇们一样，把湿毛巾搭在头上，用水的蒸发来带走身体的部分热量。我简直都要被热糊涂了，在我头脑略清醒的时候，就会觉得自己知之甚少。不免感慨，我活了 80 岁，其中 60 年的时间都奉献给了科学，到最后我却得出了这样一个结论，这是多么心酸的一件事啊。"

"昨天又一个事实来验证了我的结论。阿丽法和蓓达拿两个同样大小的玻璃杯，其中一个装着蓝墨水，另一个装的是清水。她们给我出了一道题目：

两个玻璃杯中装的液体量完全相等。现在我们从蓝墨水中取出一滴倒入清水中，再从清水中取出一滴倒入墨水中。此时两个杯子中液体的量仍然相等。问题是：水中的墨水和墨水中的水，哪一个多些（图 141）？"

图 141

"天哪，我居然连这么简单的问题都不能回答。当然，这道题用数学方法可以马上算出来。但是她们两个居然说不能用数学方法，可以用逻辑的方法来回答。我思索了一番，仍然毫无头绪。莫非是因为太热了？为了降温，我倒了一些香水到手帕上来加快蒸发，但是浓烈的香水味儿，让我觉得头更晕了。"

"最终我决定，我要回到学校念书去，越快越好。还有，请你们给我寄一道比较难的题目，我再试试看。"

【解】 下面是博士数学方法的解题过程：

假如墨水和清水都是 100 毫升。继续假设，从墨水杯中取出了 10 毫升的墨水注入清水中。这样定下了量，比一滴水这样的抽象概念要好计算一些。

第一次移液之后，墨水杯中就剩下 90 毫升墨水，而清水杯中有 100 毫升水加 10 毫升墨水。

接着从清水杯中取 10 毫升的混合液注入墨水杯。

这 10 毫升的混合液含有 $\frac{100}{11}$ 毫升的水和 $\frac{10}{11}$ 毫升的墨水。此时，墨水杯中含有 90 毫升墨水 $+\frac{10}{11}$ 毫升墨水 $+\frac{100}{11}$ 毫升水，或是 $\frac{1\,000}{11}$ 毫升墨水和 $\frac{100}{11}$ 毫升水。而清水杯中是 100 毫升水 $-\frac{100}{11}$ 毫升水，10 毫升墨水 $-\frac{10}{11}$ 毫升墨水，即 $\frac{1\,000}{11}$ 毫升水和 $\frac{100}{11}$ 毫升墨水。所以，两个杯子中的液体量仍相等。

下面是阿丽法和蓓达逻辑方法的解题思路：

这个题目不用计算也能得出答案。根据题意可知：不管经过多少次互相倾注，两个杯子中的液体量始终相等。第一杯中墨水减少的量由第二个杯中的水来替代。两杯中液体的量仍然相等。那么，第二个杯中的水被取走之后的位置应该是被第一个杯中的墨水来替代了。互相倾注之后，只是改变了一部分水和一部分墨水的位置。因此，水中的墨水和墨水中的水是一样多的。

24 箭靶

应该寄什么样的题目给博士呢？这个问题困扰了我和谢敏诺夫很久。想着莫斯科炎热的天气，博士脑袋上搭着一块湿毛巾，躺在大圆椅中。可能，他只穿了一套衬裤。就像是一幅《大人国游记》中的奇怪画面。我们觉得应该给博士寄过去一道简单些的题目。

"我们这次应该给博士寄过去一道简单些的题目。"我提议道。

"是的。可以把两个箭靶的题目寄给博士。"谢敏诺夫说道。

忘记告诉你们了，在这里，我们经常和周围的小伙伴们一起玩射靶的游戏。我们发挥想象力，绘制了很多种射箭用的靶子。我和谢敏诺夫各选了一个箭靶（图142），随信连题目一起寄给了博士：

图 142

朋友们邀请我参加射箭比赛。糟糕的是，我居然迟到了，等我赶到的时候，比赛已经结束了，维佳是冠军。他一向都比丹娘和谢敏诺夫射得准。他们每人都射了 6 箭，维佳得了 120 分，丹娘得了 110 分，谢敏诺夫得了 100 分。

"你们每人都射中了什么位置呢？"我问。

但谢敏诺夫说："我给你两个提示，你猜猜看。一是所有的箭都射中了箭靶；二是只有一箭射中了红心，得了 40 分。"

"就这么多提示？我要怎么猜呢？"

"你可以再仔细观察一下箭靶。"

敬爱的博士，如果莫斯科没有那么热了，就请您猜一猜吧。

谢敏诺夫换了另外一个箭靶。题目很简单，如下所示：

"有 5 个人对着这个箭靶射箭。每人得分都是 100 分。射中的位置都不一样。请问，他们 5 个人分别射中了什么地方？"

为了放得下这两个箭靶，我们还专门制作了一个很大的信封。

【解】 第 1 个靶（图 143I）

谢敏诺夫 100 分：射中 17 分 4 次，射中 16 分 2 次。

丹娘 110 分：射中 23 分 2 次，射中 16 分 4 次。

维佳 120 分：射中 40 分 1 次，射中 16 分 5 次。

120 分有很多种组成方法，但是因为谢敏诺夫和丹娘都没有射中 40 分，所以一定是维佳射中了 40 分。

第 2 个靶（图 143II）

第一个人：2 次射中 12 分，2 次射中 14 分，1 次射中 48 分。

第二个人：1 次射中 12 分，1 次射中 32 分，4 次射中 14 分。

第三个人：2 次射中 14 分，4 次射中 18 分。

第四个人：2 次射中 32 分，3 次射中 12 分。

第五个人：32 分、14 分、18 分各射中 1 次，3 次射中 12 分。

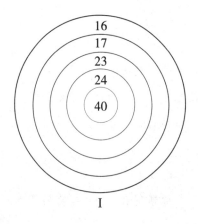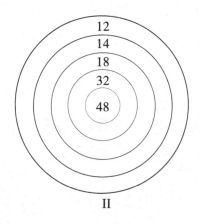

图 143